我讨厌我自己

重建内心秩序，
找回自己内心的光明

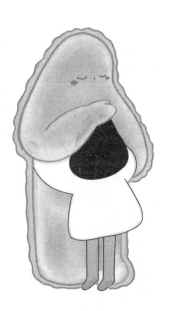

[日]

大规弥生
小川芽久美
押切佑美
石井裕之

著

胡玉清晓

译

中国科学技术出版社

·北 京·

Original Japanese title: WATASHI NO NAKANO KONO JAAKU NA KANJOU WO
DOUSHIYOU?
– Jibun no Kokoro wo Kowasanai tame no Hinto
Copyright © 2022 Hiroyuki Ishii, Yumi Oshikiri, Megumi Ogawa, Yayoi Otsuki
Original Japanese edition published by Shodensha Publishing Co., Ltd.
Simplified Chinese translation rights arranged with Shodensha Publishing Co., Ltd.
through The English Agency (Japan) Ltd. and Shanghai To-Asia Culture Co., Ltd.

北京市版权局著作权合同登记　图字：01-2024-1390

图书在版编目（CIP）数据

我讨厌我自己：重建内心秩序，找回自己内心的光
明 /（日）石井裕之等著；胡玉清晓译 . -- 北京：中
国科学技术出版社，2025. 1. -- ISBN 978-7-5236
-1072-5

Ⅰ . B842.6-49

中国国家版本馆 CIP 数据核字第 202464FF23 号

策划编辑	赵　嵘　王绍华	执行策划	王绍华
责任编辑	高雪静	执行编辑	王绍华
封面设计	仙境设计	版式设计	蚂蚁设计
责任校对	邓雪梅	责任印制	李晓霖

出　　版	中国科学技术出版社
发　　行	中国科学技术出版社有限公司
地　　址	北京市海淀区中关村南大街 16 号
邮　　编	100081
发行电话	010-62173865
传　　真	010-62173081
网　　址	http://www.cspbooks.com.cn

开　　本	880mm×1230mm　1/32
字　　数	87 千字
印　　张	4.75
版　　次	2025 年 1 月第 1 版
印　　次	2025 年 1 月第 1 次印刷
印　　刷	大厂回族自治县彩虹印刷有限公司
书　　号	ISBN 978-7-5236-1072-5 / B·196
定　　价	59.00 元

前　言

感谢你拿起这本书。我始终认为，你和我之间一定存在着某种"约定"。

十六年前我出版了《拯救无用的自己》[1] 一书。该书广受好评，成为销量超过十万册的畅销书，自 2010 年出版以来一直在再版。

缺乏自信、无法消除自卑感、无法喜欢自己，这是任何时代都存在的普遍性问题。

但是，过去十年左右的时间，世界发生了巨变。在科技加速发展的同时，我们的精神却被逼到了前所未有的窒息境地。这个世界的不宽容、霸凌和攻击性已经到了令人难以置信的地步。

也不能说是因为我上了年纪跟不上时代所以才会这么想

---

[1] 《拯救无用的自己》，石井裕之著，日本祥传社于 2006 年出版。我国电子工业出版社于 2018 年引进出版，书名定为《潜意识思维训练》。——译者注

吧？有统计显示[1]，五六十岁中老年人的自杀率大幅度下降，而二十多岁年轻人的自杀率则显著提高。我并非无条件地相信统计数字，但我仍然可以说，越是年轻人，内心越是柔软，正因为如此，他们才会更直观地感受到时代的颓废，并为此而痛苦。

我并不想批判这个世界。因为比起客观世界，更重要的是在我们自己的心中，愤怒、憎恨和攻击性的情绪正在不断往上涌，并逐渐失去控制。

鲁道夫·施泰纳[2]将其描述为"人类超越了边界"。也就是说，意识和无意识之间的壁垒被打破了。现在，邪恶的念头正从无意识领域源源不断地进入意识领域。施泰纳是一位已经逝世近百年的思想家，但直到当今时代，我们才无可奈何地切实感受到了他所说的"人类已经超越了边界"。

我主办了社群"泽雉会"，旨在思考如何在这种危机状况下不破坏自己内心秩序地生活，并在各自的人生中实践这一点。这次，我与泽雉会的成员决定以合著的形式完成这本书。

---

[1] 数据源于厚生劳动省自杀对策推进室·警察厅生活安全局生活安全企划科《令和二年中的自杀状况》（令和三年 3 月 16 日）。令和三年是 2021 年。——译者注

[2] 奥地利社会哲学家。——译者注

　　我的座右铭是"可以认真，但不能严肃"。我认为越是在痛苦的情况下，越不能忘记轻松。我很自豪自己写出了这样的书。

　　请你务必读到最后。

石井裕之

目 录

3

第三章

石井裕之

如何面对负面情绪　　099

如何面对委屈和憎恨　102

1

第一章

为什么会活得这么辛苦

石井裕之

为什么没办法喜欢自己呢

"我讨厌自己"和"我很喜欢自己"

我在做心理治疗时，来访者几乎都说"我没办法喜欢自己"或者"我讨厌自己到了极点"。这能够理解，因为如果来访者对自己满意的话，就不会来接受治疗了。

然而，当我不再从事心理治疗，将工作重心转移到商务类的研讨会上时，遇到的人都说"我很喜欢自己"。因为积极思考很重要，所以有些人会勉强自己讲出这样的"宣言"，但确实也有很多人陶醉在对自我的喜欢中。

对我来说，这是一种文化冲击。在这两个完全相反的世界里，我都在讲自己潜意识中的话，并且同样受到欢迎和感谢。与其说这不可思议，不如说它令人感到害怕。

愚蠢的问题

不知从何时起，心理治疗和商业研讨会中的"辅导"方法开始流行起来。基于这种方法，对那些讨厌自己的人，要试图询问"你讨厌自己哪里"。如果只说讨厌自己，那太模糊了，会使你无法找到改善对策。因此，要具体挖掘讨厌自己的地方。话说回来，尽管人们在辅导中经常使用"挖掘"这个词，但我认为"挖掘"一词本身就很模糊。

大家可能已经感觉到了，我不喜欢这种看似聪明且客观合理的方法。这是因为对于这类缩小范围的问题，最诚实的回答一定是"讨厌自己的全部""讨厌自己本身"。

这样类比可能不太合适，但请试想一下，假如有人向你表白，对你说"我喜欢你"，对此你的反应是"你喜欢我哪里"，那就太傻了，因为喜欢就是喜欢你的一切，喜欢包含优点和缺点在内的你的全部。所谓喜欢，不就是这么一回事吗？

如果这样的话，对于那些说"我讨厌自己"的人，问他们讨厌自己哪里，这不是很愚蠢吗？这种提问无视人类的感情，给人一种机械般的冷漠感。因此，我并不喜欢这种问法。

看你想做什么

说句题外话，我原本是信息技术企业的系统工程师。那个时候，说到"电脑"多指银行等系统的大型电脑，拥有个人电脑的人还很少，我也没有。现在回想起来，当时个人电脑的价格简直贵得离谱。我对"电脑宅男"说："电脑好贵啊。"他们通常会说："比买车便宜。"在那时，一个人拥有一台电脑的感觉就像拥有一台车一样。但当时我认为今后必须学习电脑，于是就跑去咨询那位"电脑宅男"同事，问他"我想买电脑，需要什么配置？"之类的问题。然后他回我："这得看你想做什么。"我心想，这不是废话吗。正因为我不知道能用电脑做什么，所以才来咨询你。如果我明确了自己想做什么，就会直接去找需要的东西买。

是不是觉得"你讨厌自己哪里"和这个问题很像呢？如果能回答这个看似理所当然的问题，那么自己不是辅导师就是治疗师，何须再花费时间和金钱来寻求帮助呢？恐怕自己早就在为改善"哪里"而努力了。正因为不清楚讨厌自己哪里，所以才要接受咨询。

不要把情绪本身当作问题

"你讨厌自己哪里？"之所以会产生诸如此类愚蠢的问题，是因为我们误以为可以用逻辑来对抗情感。"讨厌自己"是一种情感而非一个问题，即使深挖讨厌自己的地方，也无法找到解决方案。把情感本身当作一个问题去想办法解决，这是错误的。对于所有负面情绪都是如此。人们在试图管控情绪时往往并不顺利。

那么，我们应该怎样做呢？

试想一下，你刚钻进被窝想睡觉的时候，突然想起了一个讨厌的人。那个人做过的事和说过的话接连不断地浮现在你的脑海，于是愤怒和憎恨等情绪开始在你的心中蔓延。你千方百计说服自己"已经是过去时了""把宝贵的时间浪费在那样的人身上太可惜了""那个人也有难处"等，试图让情绪平复下来。当然这并没有效果，这种情况下也不可能睡着。"啊，明天要开会，我还得早起……"你正嘟囔着，突然想起一件重要的事。你完全忘了准备明天会议需要的资料，于是赶忙爬起来，打开灯，对着电脑慌慌张张地工作。

此时，那个讨厌的人在你心里消失了，甚至连他消失这个事实本身你也没有意识到。

不必理会负面情绪

请不要觉得"什么嘛，原来是这样啊"。因为在面对所有情绪时，重要的基本原理就在于此。

正如我刚才所说，把情绪本身当成问题，然后想办法解决它，从根本上讲是错误的做法。因为是错误的，所以无论怎么说服自己"已经是过去时了""把宝贵的时间浪费在那样的人身上太可惜了"都无济于事。

其实越是想办法解决负面情绪，就越是在理会负面情绪。就像面对一个为了激怒你而故意刁难你的人，你越生气，对方就越得意，觉得"正中我意"。这是一样的道理。

情绪这种东西，只要你理会它，它就永远不会消失。请记住，只要理会情绪，情绪就不会消失。

积极的情绪也是如此。感觉旅行很愉快的时候，不妨买个纪念钥匙扣之类的东西再回去。因为每次看到钥匙扣，你就会回想起当时那种快乐的感觉。

说一句"哦，这样啊"就可以了

在此让我们回到一开始的话题。试图解决"无法喜欢上自己"或者"讨厌自己到不行"这样的负面情绪，这种想法本身就是错误的。"无论如何都要喜欢上自己""我是不是也有一点值得认可的地方"之类的想法也不可取。因为这些想法也都来源于"我讨厌自己"的情绪，归根结底还是在理会情绪，并没有从中走出来。

为什么不能喜欢自己呢？那是因为你一直在理会"无法喜欢自己"的情绪。

那么，要怎么做才好呢？答案很简单。如果你讨厌自己，没关系，这样没问题，维持现状就好了。如果总想着"要喜欢自己""必须爱自己"等，就会一直被"我讨厌自己"的情绪所累。

你一定会说"但是，很难无视这种情绪"。不，其实很简单。爽快地承认"嗯，是的，我讨厌自己"，只需要这样就可以了。这样一来，当你在某一刻突然意识到这种情绪的时候，就会觉得不过如此。真的，情绪就是这么一回事。

所以，我在从事心理咨询的时候，面对说"我讨厌自己讨厌得不得了"的来访者，我只是点点头说"哦，这样啊"，之后就再也不提这个话题，因为我们之间完全可以展开很多更有意义的对话。

对于阅读这本书的你也是如此，比起"讨厌自己讨厌不得了"之类的话，我有更多其他话题想跟你交流。实际上，这正是我想在本书中与你讨论的内容。

为什么无法喜欢自己呢

为什么无法喜欢自己呢？我整理了几个要点：

> 为什么无法喜欢自己呢？那是因为你总是在理会"无法喜欢自己"的情绪。不要试图"喜欢自己"，也不要试图忘记"讨厌自己"的情绪。大方承认"我讨厌自己，嗯，就是这样的"，之后就不再理会这种情绪。这样的话，当你意识到这种情绪存在的时候，你将成为一个能够认可自己的人。

为什么你会痛苦

你的白衬衫

假设你有一件很喜欢的白衬衫，你一直很珍惜它。有一天你发现衬衫上面不小心沾上了墨渍，你很震惊，于是马上把它拿到洗衣店去，但只是得到店员的冷淡回答："这个洗不掉。"

因为已经不能穿出去了，所以你决定把它当作家居服。你很心痛，为自己的粗心自责，为此郁闷了好几天。

可是，没过多久，这件衬衫又沾上了墨渍。这时候你已经不像第一次沾上墨渍时那样心疼了，不仅如此，你甚至对第一次的墨渍也不再在意了。

也就是说，让你痛苦的并不是墨渍。因为如果是墨渍让你痛苦的话，第二次你一定会感受到双倍的痛苦。因此，与其说你的痛苦来源于墨渍，不如说其来源于"没有墨渍的部分"。

墨渍越多，干净的部分就越少。干净的部分少了，痛苦也就少了。如果衣服上全是污渍，干净的部分所剩无几，那么即使在上面留下更多的污渍你也不会觉得心疼了，因为已经没有什么可以让你心疼的干净的部分了。

两条路

我用衬衫做比喻是想说明什么问题呢？我想你应该明白。

愤怒、憎恨，或者怨恨、嫉妒，你内心的负面情绪会让你痛苦不堪。但是，这种负面情绪本身并不会让你痛苦，正因为你内心还有许多纯净的部分，所以才会如此痛苦。

一位名叫西蒙娜·薇依 [1] 的思想家曾写过："那些彻底腐败的人不会因此受到任何伤害，也不会痛苦。" [2]

你应该也有这样的疑问：为什么那些能若无其事地干坏事和卑劣之事的人，看起来那么自在快乐呢？相反，努力想要体贴地、诚实地生活下去的自己，为什么如此痛苦呢？答案显而易见，无须借用薇依的话也能明白，因为他们已经没

---

[1] 犹太人，神秘主义者，宗教思想家和社会活动家，深刻地影响着战后的欧洲思潮。重要著作有《重负与神恩》（1952）、《哲学讲稿》（1959）、《西蒙娜·薇依读本》（1977）等。——译者注

[2] 摘自《源于期待》，西蒙娜·薇依著，田边保、杉山毅合译，劲草书房于1987年出版。——译者注

有能够感知痛苦的纯净部分了。

感冒后的头痛非常难受，可一旦痊愈，那种痛苦就会完全消失，我们不会因为想起过去的头痛而再次感到头痛。人们常说"痛苦的事终将过去"。可是，在关乎内心的问题上，它并不会成为过去。因为过去痛苦的经历和记忆会留在心里，今后也会一直存在。事实上，你是否曾因为有人安慰你说"都过去了"而感到释怀呢？

如果无法抹去痛苦的经历和记忆，那么就必须想办法消除由它们引起的愤怒和憎恨等负面情绪。

你有两条路可以选：其一，索性让内心充满负面情绪，让自己成为一个不再能感受到痛苦的人。其二，虽然会在负面情绪中感受到痛苦，但能在这种痛苦中找到意义，好好生活下去。

选择前者更容易。最重要的是，这样不会再感受到痛苦。但是，只有当我们完全被负面情绪所支配的时候，才会完全停止感到痛苦，也就是"当整件衬衫完全沾满污渍"的时候。更确切地说，是当你不再是你的时候。

选择后者并不意味着要消除痛苦，而是将其转化为一种力量，让人生焕发光彩。我不能说这是一件容易的事。事实上，这岂止不容易，它简直是一场搏斗。

成长的信念

社交平台上每个人都在展示自己光鲜亮丽的生活。当然，现在我们都知道，这些内容大多是滤镜下被美化后的呈现，真实情况并非如此。如果把它看作类似职业摔跤的演出，或许我们还可以享受这种展示。

但是，"人生顺利的人们"想要教给"人生不顺利的人们"一些东西，这无论如何都会让人产生违和感。"请听我的话，这样你也能过上像我一样快乐的生活。"这种说法让人感觉严重不适。

为什么没有受苦的人比受苦的人更优越呢？难道说在休赛期休闲放松的运动员会比在赛季中努力拼搏的运动员更高一等吗？

正如我刚才所说，我认为痛苦就是在为保护自己内心纯净的部分而战斗。

我记得日本知名疗养中心"野口整体"的创始人野口晴哉曾说过："任何疾病和痛苦中都存在着被治愈的信念。"人们因为疾病而痛苦是因为相信治愈的可能性。如果那是一种知道绝对治不好的病，身体甚至会放弃痛苦。我们的身体直到最后都相信能够把病治好。内心的痛苦也是如此。因为你相信自己会成长，所以内心才会感到痛苦。

每个人的战斗

无论我们如何爱惜地使用自己的智能手机或电脑，总有一天它们将不再能应付操作系统的升级需要，我们必须对其进行更新换代。现在还在用 Windows98 系统的人应该非常少了吧？旧的应用软件手册也会越来越没有用，这就是技术的进步。

《论语》记录了孔子的言行，虽然这本著作距今已有两千五百多年之久，但至今我们仍在从中学习生活的哲学，从中获得惊喜、感动，并进行自我反省。

以前我刚开始在美国生活的时候，有一次一位送货员帮我打开了从日本寄来的包裹。他是一个身材魁梧、沉默寡言的美国人。当他拿起行李里的一本经典书，喃喃自语地说这是他读过最好的书。在异国他乡偶然遇到的这个沉默的人，也和我一样，在一本书的支撑下生活着。

《论语》也好，其他经典书也罢，永远不会成为无用之物。它们不会过时，不会被人看轻，其中的内容也不会被说"这些我早就明白了"。这是为什么呢？难道科技在不断进步，而人的内心却完全没有成长吗？

所谓的技术，都是在过去的基础上积累起来的。有句话叫作"站在巨人的肩膀上"，因为有先辈们的成就，所以我们才能站在他们的肩膀上，才可以站得更高、看得更远。也就是说，因为前人吃了苦，所以我们不用受同样的苦。

但是，内心的问题则不同。人生的问题也不是这样的。例如，因为父亲在年轻时经历了失恋的痛苦，所以作为孩子的我们就可以避免失恋的痛苦了吗？无论父亲如何教导我们"恋爱是这么一回事"，恋爱对我们来说都不是简单的事情。并不是说过去的伟人克服了艰难的人生难题，现代的我们就不需要经历同样的困难。

内心的问题和人生的课题是每个人都必须从头开始重新学习的东西。因为无论我们阅读多少自我启发的书籍，在讲座上听到多少励志故事，周围的人给我们多少有用的建议，我们每个人仍然要自己去面对一切。我们必须亲自战斗，任何人都无法代替。

在关于人生的问题上，我们必须亲自战斗，必须自己去寻找答案。这不是一件轻松的事，痛苦是必然的。

所以，我并没有想要通过这本书"教"你什么，我做不到。我只想给你最大限度的支持，让你在战斗中不至于被击垮或崩溃，这是我的愿望。

你为什么会痛苦

你为什么会痛苦？对此我的结论如下：

> 你之所以会感到痛苦，是因为你诚实地面对自己的人生。因为你相信自己能够获得成长，所以没有逃避，而是选择勇敢地战斗。

为什么没有你的容身之处

不应该来这里

有一次我去听演讲，中途来了一对母女，坐在我后面的座位上。过了一会儿，我感到背后有一种很浮躁的氛围。又过了一段时间，演讲还在继续，这对母女却离开座位，一脸抱歉地走了出去。看来她们是走错地方了。我猜她们也许纠结了好一阵子，毕竟中途离场非常失礼，但一直听一场听不懂的演讲又有什么意思呢？

我想她们心里也有点过意不去。不过，我总觉得这种感受似曾相识。我倒是没有走错地方，但是在参加某个聚会之后，总觉得这不是自己该来的场合。大家都很开心、很放松，只有我显得不合时宜，但我也只能保持微笑。我想你一定也曾有过这种不自在的感觉。

或许人生本就如此。我们活着，却总觉得自己来错了地方。环顾四周，人家都过得轻松愉快，只有自己显得格格不入。

如果走错了演讲场合，只要低着头走出去就可以了，但人生不是这样的。找不到自己的容身之处，我们不得不伴随着这种不自在的感觉继续拧巴地活着。这种拧巴的感觉最终会演变为无能为力的孤独感和疏离感等负面情绪，在我们的心中蔓延。

这样一来，人就会不自觉地想："这世上之所以没有我的容身之处，是因为我的存在没有价值。"即便如此，你还是要继续生活下去。所以你总想要获得他人的认可，总想要被人爱、被人尊敬，于是继续扮演着不是自己的自己。面对任何人都条件反射般地自卑、献媚，你很抱歉自己是这样的人。你渴望融入集体，哪怕只是待在角落里也好。任何一点被忽视或者被讨厌的感觉都让你无比害怕。

如果你还记得那个可怜的自己，我希望从现在开始扭转你的这种想法。

"容身之处"只存在于自己的内心

我们越来越难被归类为男人、女人、社会人、年轻人、老人……每个人都是独立的个体。即使我们在形式上属于某一个群体，但在精神层面上，我们融入同伴之后也无法感到自在。也就是说，每个人的"容身之处"只存在于自己的内心。

总之，我想表达的就是，如果你比别人更加强烈地感受到"没有自己的容身之处"，就说明你正走在人类精神进步的前列。同时，这也意味着你会比别人更加深刻地感受到孤独。

M. 奈特·沙马兰 [1] 导演的电影《分裂》中有一句神秘的台词：

"The broken are the more evolved."

在我的理解中，这句话的意思是"在这个世界上，越是内心崩溃的人，在精神层面上就越先进"。

因此，我打从心底里尊敬这样的人：他们没有自己的"容身之处"，生活得很辛苦，每天都在四处碰壁，内心伤痕累累。

为什么没有你的容身之处

为什么没有你的容身之处？对此我的结论如下：

---

[1] 美籍印度裔导演、编剧、制作人。1970 年 8 月 6 日出生于印度泰米尔纳德邦金奈。——译者注

○　　　安居于"容身之处"的生活方式已经成为过去，

○　在灵魂的进化中，我们每个人都必须成为自己的归

○　宿。若你因为没有容身之处而感到痛苦，恰恰说明

○　你在进步。

为什么没有自信

像你一样的人

　　和某人约了见面，但我比约定的时间早到很久，所以决定在咖啡馆里打发时间。我一边喝着咖啡一边从窗户眺望街景。这时，一个与我认识的某个朋友长相很相似的人经过，我和那位朋友已经许久没有联系了。虽然我看到的不是他本人，但路过的这个人无论是身形还是发型，尤其是走路时微微歪着头的感觉，都和他一模一样。我们很久没见了，但他对我而言一直都是很重要的人。那一刻我忍不住想，他现在怎么样了？过得好吗？

　　那天开完会之后我的手机就收到了一条信息，正是我在想的那位朋友发来的。内容是："好久不见，你还好吗？"

真的只是"碰巧"吗

　　这种时候，我时常会想，我经常碰到和某个熟人很像的人。大多时候，我只是心不在焉地感叹一下"啊，他好像某某某"，便很快忘记了这件事。之后，如果那个人碰巧给我发来信息，我才会想起刚才在想他。我想，在那一刻，我一定感受到了发信息的人的心情，我们两个在看不见的世界里产生了某种连接。在现实生活中，看到和某人长得很像的人，就隐约想起那个人，这样的情况有很多，只不过很快就会被遗忘。这种事情发生了几百次、几千次，甚至几万次。只有当事人碰巧联系的时候，我才会感觉发生了特别的事。

这似乎是一种非常合理的、接地气的思维方式。从某种意义上讲，这样想的话我的内心也会平静下来。我甚至会鄙视那些动不动就把这种巧合与"这一定是某种信号"之类的想法联系在一起的人。事实上，这样的想法几乎都是一厢情愿。

尽管如此，这也不意味着我们不可能在精神层面上感知他人的想法。当我看到咖啡馆外面的那个人歪着头走路的样子时，心中产生的感觉，绝不仅仅是"碰巧"。

我想你一定也有过这样的经历。

三个世界

在肉身层面上，你和我是不同的存在。无论我多么想你，你头痛的时候我并不会和你一样头痛。当然，我也会为你担心。可即便如此，我也不会感受到同样的头痛。因为在肉身层面上，你和我是两个不同的存在。

但是，在心理层面上，当你感到烦恼或痛苦时，我的心也会痛。与身为当事人的你相比，我的痛苦也许只有百分之一，但我内心确实会感到痛苦。也就是说，在心理层面上，你和我并不像肉身那样是完全分开的。

另外，还有灵魂层面，也叫作精神层面。在这个层面上，你和我是一体的。不是说我能感受到你的痛苦，而是你的痛苦同时也是我的痛苦。举个例子，假设我听到了一个有人为了救掉在铁轨上的孩子而付出生命的故事。我完全不认识这个救人者，他和我没有任何关系。说不定实际上他是一个令人讨厌的人，甚至是和我有利益冲突的人。尽管如此，我还是会被这个故事感动。我由衷地佩服这种舍己为人的精神，因为在精神层面上，没有你、我、他的分别，我们都是一个整体。一个人善意和勇敢的行动，会为所有人带来感动。

由此可见，人的生活中有三个世界。它们分别是肉身世界、心埋世界和精神世界。

不自信的真相

这么说来，当有人因为想到我而给我发信息的时候，我也会有某种感觉，这也并非完全不可能。对于肉身世界的我来说，这是不合理的。但对于处在心理世界和精神世界的我而言，却是极其自然的。

为什么我要讲这个呢？因为如果不明白这一点的话，就看不到"为什么没有自信"这一问题的本质。

为什么你没有自信呢？

你之所以没有自信，是因为只考虑自己的感受。我希望你不要认为这是批评，这其实是一种饱含爱的表达。

在肉身层面上，我们是各自不同的存在。反过来说，如果你只关注自己的事情，就会被湮没在肉身的世界中。一味想着"我对自己没有自信""我怎么能这么没用呢"，像这样越把焦点放在自己身上，就越容易脱离精神世界。因为你与精神世界脱节了，所以才会感到愈发孤独，愈发空虚，这就是不自信的真相。

缺乏自信并不是能力不足的问题。能力也好，技能也好，都是能够掌握的，可以一点一点慢慢成长。但是，除非意识到自己已经和精神世界脱节，否则无论你的能力和技能有多大的提升，你都将是一个没有自信的人。

失去自信的时候

所谓没有自信，是因为与精神世界脱节，从而感到孤独和空虚。明白了这一点，就能对症下药，找到"不自信"这一问题的解决方法。

举个例子。假设你在工作中没有取得预期的成果，或者因为做某件事失败了，被责骂或被嘲笑，你可能会想"我是一个连自己的工作都做不好的废物"。在此，我希望你能意识到，你只关注了自身的感受，只想着受伤和失落的自己。你脱离了心灵和精神世界，被孤独感和无助感所支配，久而久之，这会不断加剧你的不自信。

这种时候，你可以先把注意力从自己的受伤或失落上移开，想一想其他人的感受，比如"我的失败给大家带来了麻烦，大家在百忙之中还要为我操心，一定很辛苦""我惹怒了上司，他有高血压，真让人担心"，等等。这样一来，你就会产生"为表歉意，我会在其他人遇到困难时加班加点地帮助他们"以及"我会努力工作，让上司放心"等想法。我并不是一定要你像这样积极地思考，我只是想表达，通过把注意力从自己的感受转移到周围人的感受上，你的意识会上升到心理或精神层面。在那里，你并不孤独，而是与其他人相互连接在一起。因此，你不会感到空虚。只要我们有意识地运用这种思维，那么因为没有自信而感到痛苦的情况就会逐渐减少。

为什么没有自信

为什么没有自信？对此我的想法：

○　　没有自信是因为只考虑自己的感受，因此与精
○　神世界脱节，变得孤独空虚。这就是不自信的真相。
○　将注意力转移到周围人的感受上，就能逐渐克服自
○　己的不自信。

为什么人如此冷漠

温暖的事物

常言道："人生的问题大部分是人际关系的问题。"但我认为这是一种泛泛的表达。即使人际关系不融洽，这件事本身也不会对我们的精神造成太大的困扰。我们之所以会感到痛苦，不是因为关系进展不顺，而是因为关系冷淡。无论是由于价值观的不同还是利益的分歧，我们都很难找到一种让双方都感到快乐的关系。尽管如此，只要能感受到某种温暖的事物在流淌，即使关系不融洽，也能和对方产生连接。

讲一个我学生时代的故事。当时我和一个女朋友在交往，同时还有另一个女生喜欢我，但她总是说我女朋友的坏话，所以我并不喜欢她。有一天，我女朋友生病了。听到我说这件事的时候，喜欢我的那个女生露出了非常担心的神情，就像自己的家人生病了一样。我不认为她是在装好人。即便我女朋友是她的情敌，她也会为对方的病痛而担心。过去我认为她是个性格不好的女孩子，总是满不在乎地讲我女朋友的坏话。但从那个时候我开始觉得，她其实是一个很温暖的人。

从那以后，就连她说人坏话我都觉得很可爱了。不过，直到最后我也没有和她交往。

你生活中一定也有这样的人，他们和你的利益不一致，价值观也不一样，但即使这样你依然没有抛弃他们，你们一直保持着联系。你之所以这样做，并不是通过计算利益后得出这样做有好处。哪怕从获益上来看完全处于赤字状态，但因为你能感受到某种温暖的事物在流淌，所以也会在一起。

冷气

然而，近十年来，我感觉这种温暖的事物正从人的身上逐渐消失。例如，你是否曾走在街上，感觉到擦肩而过的陌生人身上袭来一股冷气？就算完全没有遇到任何障碍，当我穿过拥挤的人群回到家时，我的灵魂已经冻得麻木，就连走到人群中去也让我感觉愈发疲惫。

久而久之，我们就只会和志同道合的人打交道，其他人则仿佛不存在一般。他们是没有名字的人，就像电影里的群众演员一样。当然，礼节也会遭到破坏。因为除了我们的"伙伴"，其他人几乎都不存在。我们没有必要关心或者善待不存在的人和事物。因此，每次在社交网络上看到"朋友真好""感谢朋友"这样的字眼时，我就会有一种莫名的危机感。既然有"朋友"，就表明我们已经预设了"朋友以外"的人。人类的灵魂正变得越来越冷漠。

如果你能稍微理解这种心情，我想你一定会对我接下来要说的话产生共鸣。

汇款欺诈

这是好几年前的新闻了。一位老奶奶家里接到一个电话，对方说老奶奶的儿子出了意外，要她马上汇钱。老奶奶相信了。然而，刚好在旁边的孙女（一个小学四年级的女孩）听到了电话内容，心想这一定是汇款欺诈。于是小女孩立刻用手机给爸爸（也就是老奶奶的儿子）打电话，弄清楚了这果然是诈骗，最终老奶奶没有被骗钱。

很多人在网络上对这条新闻发表了评论。比如"这个女孩子才四年级，真机灵""干得好""学校也应该进行这样的教育""在这样的时代，老奶奶也应该更加提高警惕"，等等，这些评论清一色都在赞美小女孩的机智，嘲笑老奶奶的愚蠢。

没有被骗确实是小女孩的功劳，她救了奶奶，这当然是一件了不起的事。但我认为我们更应该把这条新闻当成自己的事情来思考。

在当今社会，一个小学四年级的女生也必须对他人保持怀疑。大人不能对小孩子说"要相信别人"，这难道不是一件很可怕的事吗？然而把世界变成这个样子的正是我们大人，这是我们的失责。既然如此，为什么我们还能高高在上地对那个女孩说"干得好"呢？为什么我们还能若无其事地说"学校也应该进行这样的教育"呢？

施泰纳的教育理念将孩子的成长划分为每七年一个阶段。小学四年级这个年龄段的孩子们很想说一句"这个世界很美"，他们非常愿意相信世界是美好的。

一想到这里我就觉得很心痛。我们大人到底辜负了多少孩子们的信任啊！但是我们也不要忽视，这条新闻也向我们展示了这个世界美好的一面，那就是老奶奶的心。

不是上当受骗，而是选择相信

读了这条新闻的评论，最让我震惊的是，没有一条评论是赞美老奶奶的。因为担心儿子，所以第一时间想着"我一定要帮助他"，竟然没有人发现这是一件很珍贵的事。

老奶奶很愚蠢？真的吗？"我一定要救我的儿子。"对老奶奶来说，为儿子着想的心远比不被欺骗更重要，所以她才会相信骗子。老奶奶不是上当受骗，而是选择相信。

在这样的时代，老奶奶依然不怀疑别人，我们为什么不为此而感动呢？为什么我们不反思一下，这其实是已经被我们遗忘的难得的品质呢？反思过后，我们才应该说"不过还是要小心欺诈"这样的话吧。

不能上当，不能吃亏，不能受伤害。我们总是急于保护自己，却在这个过程中弄丢了"相信他人"的难得的品质。我们甚至开始嘲笑"相信他人"这件事是愚蠢的。

因为你很温暖

如果自己彻底变得冷漠，也就不会被他人的冷漠所伤害了。你之所以会感受到他人的冷漠并为此痛苦，是因为你很温暖。今后你也会受到比别人更多的伤害。因为你依然相信人是温暖的，那就必然会感受到痛苦。但是，痛苦并不代表你错了。

我想，并不是这个小女孩告诉了奶奶这个世界的现实，而是奶奶教会了小女孩一些东西。那就是，无论如何也不要失去相信他人的心，这样也许会比别人更容易受伤和吃亏。

但是，无论现实如何背叛你，也要相信"世界是美好的"。我们要这样活着。

为什么人如此冷漠

为什么人如此冷漠？对此我的想法：

○   为什么人如此冷漠呢？那是因为你的灵魂很温
○ 暖。之所以会觉得他人冷漠，是因为你相信人应该
○ 都是温暖的。

2

第二章

活出闪耀人生

押切佑美
小川芽久美
大规弥生

　　过去，我一直在用催眠疗法为饱受心理问题折磨的人提供治疗。我的治疗对象是那些迫切希望改变自己、改变人生的人。我针对他们研究并实践了各种治疗技术。然而，来访者发生戏剧性改变的瞬间往往并不是技术奏效的时候。当我的技术和经验无法满足自己想要帮助来访者的愿望时，我也会陷入苦闷之中。这种时候，来访者却突然克服了自己的问题。尽管我不会对来访者说泄气话，也不会面露难色，但来访者却能感受到我的挣扎。我想对方一定在想"这个人也和我一样在和自己做斗争"，所以才想要给我一些鼓励。

　　读了伟人、名人、成功者如何开拓人生的故事，我们也会受到鼓舞。他们看起来总是积极向上的，似乎没有负面情绪。他们一定也会遇到很困难的事情，可即便如此，他们仍然让我感觉我们不是同类人。不要说伟人，每次看到大家在社交平台上发布的展示快乐人生的内容时，我都会觉得只有自己是一个被甩在后面的废物。虽然我也知道社交平台上的很多内容都是被美化过的，但依然会觉得自己是悲惨又不幸的存在。

　　当我真正痛苦的时候，当我孤独无助的时候，能支撑我的反而是那些同样在痛苦中拼命活着的普通人。

　　写本书的人，包括我在内，我们既不是成功者也不是名人。我认为这样很好。正因为如此，我才觉得我们有一些东西可以传达给你。

在本章中，我会将我主持的社群——泽雉会成员的文章展示给你。我们和你一样，都是在和自己内心的负面情绪做斗争的人。这里没有"这样的话就能过上快乐人生"的华丽说辞，我们只会说"我能看到你的痛苦，让我们一起努力吧"，以及"你绝不是一个人"。

就像在和一位亲近的人敞开心扉地聊天，如果你能抱着这样的心情来阅读本章，我会很高兴的。

石井裕之

我的“只做一件事”

押切佑美

无法喜欢自己

因为不幸，所以笑不出来

我一直认为，始终面带笑容的人是因为他们不像我这样不幸，所以他们才能始终微笑。

我的同事 B 先生每天都会笑着对我说"早上好"。正所谓"人生重在及时行乐"，如这句话所言，他是一个妥妥的行动派。每次他想玩滑翔伞时，下一个休息日他就已经飞上了天空。他总是一副很开心的样子，说着"现在我正在做这个""下次我要去看那个"。

我认为自己是在不幸的环境中成长起来的，所以无法像 B 先生那样保持微笑也无可厚非。

父母离异

我家一共有 5 口人。父亲平时并不爱生气，但他一喝酒就会对母亲恶言相向。他们在我 8 岁的时候就离婚了，所以我对他的记忆很模糊。不过我想，母亲一定经历了很多痛苦。

父亲也会惩罚孩子。他会让我晚上一个人站在小区的楼梯前，而且要站够 15 分钟。快乐的 15 分钟转瞬即逝，但在黑暗中，站在外面的 15 分钟却让我感觉格外漫长，仿佛永远没有尽头。

如果朋友跟我说"我老公喝了酒会乱发脾气"，作为一个成年人，我一定会说"离开这样的老公就好了"。但对当时还是孩子的我来说，我还是喜欢父亲的。

父亲和母亲分房睡。我会睡在母亲旁边，因为我觉得她一个人会很孤独。事实上，那时候的我可能会更想睡在父亲旁边。我以前很喜欢坐父亲的摩托车，我会坐在他座位的前面一点，我很开心能独占父亲。

然而，面对一喝酒就发疯的父亲，母亲的忍耐也到了极限，她决定默默离开。母亲问我："你跟谁？"我回答："妈妈。"我想父亲一定会很吃惊吧，他下班回家一看，不仅衣柜和电视，连家人都不见了。

在那之后，父母正式离异，我也改了姓。

转校

转入新学校后，老师叫我小美。老师还给不太擅长学习的孩子创造了一个可以轻松提问的环境。每次我鼓起勇气提问时，她总会夸我："你发现了一个好问题。"然后招手让我过去，说："这个我只告诉小美。"走到老师跟前，她会回答我的问题，还会跟我说："要对大家保密哦。"她一边说着要保密，一边却用全班同学都能听到的声音教我。真是一个温柔的老师，我非常喜欢她。

同学们都有电动卷笔刀，而我的则是手动的，会在铅笔上留下压痕。为此我很不好意思打开铅笔盒，不过，我很开心在这么寒酸的铅笔盒里有一支老师买给我的红笔。事实上，老师给全班同学都买了一支红笔。

母亲的男朋友

在和父亲离婚大约两年后，母亲带着我们兄弟姐妹去了平常不太去的百货商店。

到了之后，母亲说："在这里等我。"过了一会儿，她带着一个男人回来了。我马上就知道了，那是母亲的新男友。虽然他给我买了一支可爱的铅笔，但不知道为什么，我不怎么喜欢他。

后来他们就生活在一起了。刚开始，他对我们几个小孩还很关心，但渐渐地就变得严厉起来。他给我们定了好几条新规矩，比如吃饭的时候要关掉电视端坐着，吃完饭之前禁止喝茶，九点之前不睡觉的话要罚款一百日元等。

心情不好的时候，他会把所有的怨气都发泄在我们几个孩子身上。我们只能一直忍耐，直到暴风雨过去。一到那个男人回家的时间，我们就会跑到儿童房避难。

中学时期

到我上初中的时候，母亲的男朋友已经不回家了。我变成了一个十分高傲的人，同学们也都渐渐远离了我。上高中后，我也找不到自己的容身之处，好在我在学校外面有朋友，这成了我的救赎。她是我从小学六年级开始的好朋友 M，即使后来在不同的学校，我们的友情依然没有变。

每次去 M 家玩的时候，她妈妈都会拿出点心，还会为我们准备只需要模具就可以烤制的曲奇面团，让我们体验做曲奇饼干的乐趣。我震惊于我们两个家庭文化的差异——原来一个母亲还会为孩子做这些事。

我试着问 M："你爸爸妈妈会吵架吗？"她回答说："会的，不过第二天就和好了。"我真羡慕她的父母。

我和 M 几乎每天都会见面，我们经常坐在河堤上聊天。聊天的时候我会谈到母亲的男朋友，说他大声吼我让我很害怕，说我因为在家里没有容身之处而感到寂寞。说这些的时候，我尽量不带太多感情色彩。

我很担心说这些话会被她讨厌，但是并没有。听了我的话之后，M 哭了，她流着泪对我说："你太辛苦了。"我很惊讶这个世界上居然会有人为我掉眼泪。

如果能在死之前喜欢上自己

我想，如果我有了孩子，也会像 M 对我那样对我的小孩倾注满满的爱。

我认为母亲可以无条件地爱自己的孩子。然而，生下儿子之后我才明白，不爱自己的人也无法爱自己的孩子。这让我深受打击，因为我无法爱自己，所以也无法爱这个对我很重要的孩子。因此，无论如何我都想学会爱自己，这样我才能爱我的孩子。

我甚至无法想象喜欢上自己的感觉。不过我想，过去我花了那么多年的时间讨厌自己，那么我只要花同样的时间去努力喜欢自己不就可以了吗？这样的话，至少能在死之前喜欢上自己，那也不错。

　　但是，这种决心也总是被自己的负面情绪所扰乱。扰乱它的正是愤怒的情绪。

愤怒的情绪

愤怒的权利

儿子好不容易到了能走路的年纪，他很喜欢超市的点心卖场。买东西的时候如果儿子不见了，我一定能在点心卖场找到他。

儿子总是会哭喊着要买附赠玩具的点心，所以我不喜欢带他一起去超市，但又不放心他一个人在家，只好把他带上。

给他买附赠玩具的点心倒也没什么，不过让人想到包装里面只有很少的点心就让人心生不悦。如果儿子能好好地玩玩具还好，但他总是不到一小时就玩腻了。花钱买这种东西太浪费了，我只得待在哭个不停的儿子身边，等着他的体力消耗殆尽。

路过的人纷纷用一种"孩子在哭着求你，给他买不就好了"的表情看着我。不过，我还是没有买附赠玩具的点心，而是径直穿过了收银台。

买完东西关上车门，我的怒气终于也爆发了，对儿子吼道："你玩什么东西总是一会儿就腻了，还一直哭喊着买买买，真的很烦！我下班回家还要来这里买东西，我也很累！"

尽管知道这样说会让孩子伤心，但我停不下来。而且，情绪越是爆发，那种愤怒就越会以自我厌恶的形式反馈到我自己身上。

没错，每次生儿子气的时候，母亲男朋友的形象就会和我自己重叠在一起。

想让对方知道我有多受伤

受到伤害的时候我总会想，要是对方也能受到和我相同程度的伤害就好了。

这就好比心爱的马克杯被摔碎了。马克杯摔碎的方式有很多，究竟摔得有多严重看一眼就知道了。然而，和马克杯不同，心是没有形状的，所以即使某个人的心受到了伤害，也不会被轻易察觉。

被别人说"你工作做得不行啊"，有人会稍微烦躁一下，之后很快就忘记了；有人会生气地反驳；有人会认为生气是在浪费时间，所以不予理睬；也有人会受到很深的伤害。人的心不是物品，从外面看不出来它究竟受到了怎样的伤害。

我想，伤害我的人应该也没有意识到对我的伤害有多严重，所以才会连一句"对不起"也没有。因此，我会产生一种想让对方明白"我有这么痛苦"的心情，而这种心情就会以愤怒的形式表现出来。

实际上，我试图质问对方的时候，有时候会被对方说"有这样的事情吗"，或者"不要纠结于过去"。也有的时候，我没有办法向对方表达意见，只能忍气吞声。

对方就像路过的恶魔一样，扎了我的心一刀就走了，而被扎的我却必须带着一颗受伤的心继续活下去。说"已经过去了"的，永远是伤害人的一方。

我们要是能知道修补内心的方法就好了，可是即使想要将支离破碎的心粘在一起，被切开的断面也会肿起来，没有办法很好地复原。不管怎么对自己的心说"没事的"，它看起来也不会是"没事的"样子。

一想到"要是没有经历伤害，我现在应该会发自内心地微笑吧"，我就会愈发憎恨伤害自己的人。我想把他们对我施加的伤害返还到他们身上，或者至少能让对方受到法律的制裁，这样我的心情才会舒畅一些。

但是，就算惩罚了对方，心里的伤口也不会消失，疼痛也不可能得到治愈。

为了好好活下去，我必须想办法处理自己的愤怒情绪。

强者对弱者的愤怒

我认为愤怒有两个方向。一个是由强者向弱者发出的，就像我对儿子生气时那样。另一个则是由弱者向强者发出的，就像我恨母亲的男朋友时那样。在由强者向弱者发出的愤怒中，我们很容易意识到自己在生气。

比如，儿子小的时候，我一生气，他就会露出很不开心的表情，甚至哭出来。而且，我也知道自己的声音越来越大，这让我很容易意识到自己在生气。

以前，我在工作中遇到过一位情绪起伏很大的前辈，她心情好的时候会跟我说她养小猫的事情，心情不好的时候就会对我发脾气，好像要把气撒在我身上一样。但是生气之后她又会来帮助我的工作。我想是因为她意识到自己生气了，所以才会带着歉意来帮我吧。

我对工作单位的老奶奶说"我总是不自觉地对孩子生气"时，她总是会告诉我："养育孩子的阶段是人生中最充实的时期，所以不要生气，要好好享受。"我接着问："那奶奶您以前带孩子的时候会生气吗？"她回答说："一直在生气。"

就像这样，对于由强者向弱者发出的愤怒，愤怒者往往能清楚地意识到自己在生气。但是，即便意识到了，很多时候也会把自己的愤怒合理化，告诉对方："我这么说是为了你好！"

我也会这样。儿子非常挑食，他很讨厌吃蔬菜，吃汉堡的时候会把里面的洋葱一片一片挑出来。我想让他多吃蔬菜，于是买来了价格略贵但据说很好吃的胡萝卜。我试着说服他："这个很甜哦，和普通的胡萝卜不一样。"但无济于事。

我想着如果是自己摘的蔬菜他可能会吃，为此我还去摘了玉米。我很开心地把玉米带回家煮好，结果儿子一口也不想吃。我感觉自己用尽了所有方法却仍然没有任何效果，终于抑制不住地对儿子发火说："为什么要挑食？不吃蔬菜身体就不健康啊！"我以"为了你的健康"为借口，发泄着事情不如我意的愤怒。

高中的时候，班上有一个男生，他一被老师点名回答问题，声音就会变得很小。他好不容易鼓起勇气小声回答问题，语文老师却用很凶的语气对他说："大声一点，我听不到。"男生耷拉着脑袋，声音越来越小，这时老师就会很生气地说："你这个样子，进入社会以后怎么办？"

当然，老师可能是真的为我们好，所以才会这样教导我们。但在我和班上其他同学看来，她只是在把自己内心积攒的压力发泄在一个无力反驳她的内向的学生身上。

弱者对强者的愤怒

弱者对强者的愤怒往往是无法发泄到对方身上的，所以只能默默地在心中不断压抑怒气。

初中的时候，有一个同学每次考试都考 90 多分。据说她爸爸是老师，对分数要求很严格。她说她姐姐很优秀，所以她经常会被拿来和姐姐做比较，甚至还会被骂脑子不好使。考 90 多分还会被骂脑子不好使，对此她也只能默默忍耐。她说："我现在还在忍，但上了高中我一定不会再忍了。"果然，她一上高中就不回家了。像这种弱者对强者的愤怒，积聚在一起会有很大的杀伤力。

这种愤怒还有一个更重要的特点，那就是由弱者向强者发出的愤怒会主张"愤怒的权利"，即"我是被伤害的一方，是被你伤害的受害者，生气有何不可？"

正如我前面所说，我曾经有很多年都对母亲的男朋友心怀愤怒。尽管这已经是过去的事了，我很想忘记，但每次一生气，关于母亲男朋友的记忆就会涌上心头。我认为他一直在扰乱我的生活。

如果没有那个人，我可以更爱孩子！

如果没有那个人，我就不会讨厌自己！

如果没有那个人，我的人生会过得很好！

全都是母亲男朋友的错！

我认为我有愤怒的权利，我被折磨得就像心脏被紧紧抓住一样，我的一切全都被否定了，我当然有愤怒的权利。

愤怒只会产生愤怒

如果把怒气发泄到对方身上能解决问题的话，这样做也未尝不可。但实际上，大多数情况下这种做法只会让人际关系更加恶化。发泄仇恨将会招致更多的仇恨，发泄愤怒也只会得到更多的愤怒。

即使因为自己处在强势的地位而有机会发泄愤怒，最终它还是会以自我厌恶的形式回到自己身上。

此外，即使压抑了愤怒的情绪，它也不会消失。心里想着不哭不哭，结果反而哭得更厉害了。同样，心里想着不要生气，愤怒的情绪反而会进一步积聚。

如果在这种情况下还继续压抑愤怒的情绪，很快，所有喜怒哀乐的情绪就会全部变得麻木。压抑情绪就像让自己的心一点一点窒息，如果心窒息了，也就注意不到喜欢的东西和让自己开心的事了。

　　无论是由强者向弱者发出的愤怒，还是由弱者向强者发出的愤怒，都不会让我们的人生变得更好。

　　愤怒只会产生愤怒。话虽如此，我的怒气却并没有如预想般平息。那么，努力尝试去做些什么就没有任何意义了吗？

希望之灯

无法实现的希望

我曾为 A 女士提供过家庭护理服务，她强烈表示虽然自己现在坐在轮椅上，但还是希望能再次走路。我想着自己能否为她做些什么，于是去图书馆查了很多资料。结果，我在一本理疗师写的书里发现了一些信息。

书中写道："因为人会把身体靠在椅背上，所以坐在轮椅上的姿势不太需要用到腹部肌肉。因此，可以把浴巾卷成筒状放在椅背和后背之间。这样就不会完全依赖靠背，可以锻炼腹部肌肉。"

我马上把这个发现告诉了 A 女士，因为做法很简单，所以我们试着按照书中写的那样做了。除了我，其他护理人员上门为 A 女士提供服务的时候也会帮助她这样做。

有时候我会跟 A 女士说："您在等待家人回来的时候，在床上躺一卜会个会比较好呢？"但是她却一直坐在轮椅上，用后背夹着浴巾。在此之前，她可是一个连蚊子落在身上也没有力量驱赶的人。

她的努力渐渐有了成果。以前，A 女士坐在轮椅上身体会向左倾斜，为了让她坐正，我们会帮她放一个靠垫。但现在，她不用靠垫也能坐得笔直了。以前她上厕所的时候很多事情需要我帮忙，现在用到我的地方越来越少了。

她的牙龈正在慢慢萎缩，有一次连续三天都在掉牙，每次掉牙我们都会说"又掉了"，然后两个人一起哈哈大笑。我们的年龄差可以做母女了，但她会说"我们是好朋友"。慢慢地，A 女士不仅肌肉力量恢复了不少，心情也变得明朗起来。

三个月过后，A 女士甚至能够独立站立 10 秒。对老年人来说，要让体力维持现状都已经是很困难的事了，更何况是坐在轮椅上的 A 女士。虽然只有 10 秒，但她用自己的双脚站起来了，这简直是奇迹。

就这样，A 女士一直抱着"努力做康复训练，想要学会走路"的希望。但是，某次一位专业人士对她说："你永远没办法走路。"A 女士听了之后非常失落，卧床不起，就连坐上轮椅都变成了一件很困难的事。

或许正如那位专业人士所言，她要学会走路不太现实。但是 A 女士已经能够站立 10 秒了，这是不争的事实。她确实靠自己的力量站起来了。

然而，后续无论我们再说什么鼓励的话，A 女士都已经接收不到了。

如果是一个无法实现的希望，那是不是最好不要拥有呢？

我心中的"愤怒"和"喜欢自己"的愿望也总是不能往我想要的方向发展，既然如此，那还有必要为此努力吗？

在漆黑的道路上迷路会让你感到不安，但是，如果发现一间亮着灯的房子，哪怕它离你很远，你也会觉得自己得救了，然后朝着那道光走去。

希望就像一盏明灯，告诉我们"可以往这边走"。是的，"想要喜欢自己"的想法，便是在黑暗中迷路时唯一的希望之灯。

只做一件事

现实的确不尽如人意。

我很羡慕育儿杂志上那些闪闪发光的妈妈们。我是用煮熟的土豆泥或热豆腐等简单方便的断奶食品来喂养孩子的，有一位妈妈则精心制作了三种断奶食品。我也想像她那样能干，于是也试着做了三种精致的断奶食品，但光是这个就让我筋疲力尽了。

我这个也想做、那个也想做，但我觉得自己做不了那么多。不过我想，只做一件事的话，应该是可以的。如果我能为孩子做的事只有一件，会是什么呢？

那就是"告诉孩子我爱他"。虽然有很多事情我做不到，但我想在育儿结束之前，好好地告诉孩子"我爱你"。

这种"只做一件事"的思维方式，在之后的很多场合都发挥了作用。

我曾担任儿童会的负责人，帮助指导孩子们上下学。我主要负责提醒孩子们"走白线内侧""上下班的车辆都很赶时间，所以大家不要横穿便利店的停车场"。大人在的话，孩子们会遵守交通规则，但是指导的时间一结束，他们就又会回到平时懒散的上下学状态。不管我多大声地提醒，孩子们的行为也没有任何变化。

我认为自己并不是一个优秀到能够教导孩子们的人。因此我决定从自己做起，决定"至少我自己要走白线以内"。以身作则，将自己的行为和对孩子们的教导统一起来，这就是我能做的"一件事"。

一直以来，我从未意识到要走在白线内侧。实际去走那条路之后我才发现，很容易因为放松不知不觉就走到白线外面。尽管嘴上可以轻飘飘地说"不能这样""不能那样"，但自己去做的时候，就连"走白线内侧"这样简单的事也很难做到。

我们自己都做不到的事，甚至自己都意识不到自己做不到的事情，怎么能说服孩子们去做呢？

说不出道歉

正如刚才所言，通过关注"只做一件事"，我注意到了自己的很多方面，想法也在慢慢发生改变。

例如，大人会要求孩子做错事之后道歉，却总会为自己的失败或错误找借口。小时候，我对不道歉的大人感到很不可思议。话虽如此，我在感情用事地对孩子发火的时候却从来没有说过"对不起"。所以，我决定今后在自己有错的时候学会道歉。尽管我已经做出了决定，但还是很难开口对儿子说"对不起"。这看起来容易，做起来真的很难。

准备晚餐的时候，儿子一直在叫"妈妈！妈妈！妈妈！"，这让我很烦躁。我忍不住对他发火道："叫一次就够了，不要一直叫！我正在做饭，再等一会儿！"我知道不应该对儿子大吼，但被愤怒情绪支配的时候，我很难说出"对不起"。就算好不容易说出这句话，也会像外国人结结巴巴地说日语那样，变得很生硬。一直以来，我都很少说对不起。

意识到这一点之后，我开始有意识地说"对不起"，但没有强迫儿子这样做，因为我认为让不觉得自己有错的人道歉会让对方不舒服。然而，过了一年左右，儿子却开始主动说"对不起"了。而且，儿子比我更擅长说"对不起"。我心情不好对他发脾气的时候，他也会马上跟我说"妈妈，对不起"。我明明知道是自己不对，但在愤怒的情绪平复之前，"对不起"三个字却怎么也说不出口。

在说"对不起"这件事上，我总是输给我的儿子。

我的"只做一件事"

儿子参加了学校的集体上学服务项目。只是小学一年级的黄金周刚过，他就说不想再参加了。从那天开始，我就推着自行车走在儿子身后，陪他一起去学校。我有自己的工作，家务也很忙，时间总是很紧张。这种情况下，早上从家到学校的三十分钟时间就成了专属于我们母子的宝贵时光。

有一天，我们在去学校的路上，遇到了儿子的同班同学——来自菲律宾的小T。他一个人站在路边，我们很惊讶他为什么没有参加集体上学项目。

小 T 哭了，无论我怎么叫他、怎么抱他，他都只是哭，就好像没看见我一样。我心想，这个孩子此刻一定和小时候的我一样感到很绝望。

后来我问一位家长朋友，为什么小 T 会被落下？她说，因为小 T 没有加入儿童会，所以不能正式参加集体上学项目。在此之前，很多时候都是偶尔路过的孩子们让小 T 混进了集体上学项目的人群中。

小 T 刚来日本，还不太会说日语。整个社会都在宣扬集体上学项目对孩子的安全很重要，但真正需要集体上学项目的小 T 却被落下了，只因为他不是儿童会的成员。

我从图书馆借了一本他加禄语❶书籍，心想只要能说一点他加禄语就可以和小 T 沟通了，没想到才两天就受挫了。

我去找职场前辈请教这件事，她告诉我："如果是我的话，我会和小 T 的妈妈搞好关系，让他加入儿童会。"前辈的沟通能力很强，可以很快就和家长们搞好关系，但这对我来说太难了。

如果说我能做的只有一件事，那就是和小 T 打招呼，仅此而已。我每次去学校的时候，都会先去看小 T，之后再去

---

❶ 菲律宾的官方语言之一。——译者注

找儿子，因为我想跟小 T 说"你好"。我和小 T 打招呼他也不会回应我，但对我来说，只要能和小 T 打招呼就足够了，因为这是我能做到的唯一一件事。

不知道为什么，每次分班小 T 总是和我儿子一个班，所以我有很多机会见到他。每次和他擦肩而过的时候，我都会对他说"你好"。不出所料，我仍然没有得到回应。

儿子三年级暑假的一天，我带他去图书馆。回家路上，我想着难得放暑假，所以决定带他去吃冰激凌。进店之后发现小 T 也在，他正在和他妈妈一起挑选冰激凌。

虽然我有时候会在学校或者上下学的路上见到小 T，但这是我第一次在其他地方见到他。我像往常一样跟他打招呼说"你好"，而这次，我第一次得到了"你好"的回应。

小 T 害羞地笑了，也许是因为和妈妈在一起的缘故吧。但是在那一刻，我能感觉到他接收到了我的信息，他知道除了自己的妈妈，还有其他大人在关心他。我想我有把这样的信息传达给小 T。

我坚持只做这一件事已经快三年了，如今我终于把我想传达的信息传达给了小 T。

你能做到的事情，只要有一件就可以了。

和自己的约定

小川芽久美

负面情绪

潜藏在身边的"依赖症"

十二月上旬的某天，工作的时候我听到外面传来一个男人的叫声，但我听不清他在说什么。上司调侃道："真有年底的感觉啊！"到了年底，在忘年会❶等场合喝得酩酊大醉的人们会在外面吵闹，所以上司才会用"年底的感觉"来讽刺这种现象。

因为喝酒而犯点小错误是常有的事。酒喝多了不好，在外面吵闹也不是值得夸赞的事。任何人都知道喝酒有害健康，而且还可能会给他人带来麻烦。尽管如此，很多人还是会喝酒，痛苦的时候就会依赖酒精，无法戒掉。

不仅是酒，其他很多事情都是如此。

"我这个月也在游戏上花了很多钱。"

---

❶ 忘年会是日本组织或机构在每年年底举行的活动。聚会中，大家一起回顾过去一年的成绩，准备迎接新的一年。一般以宴会的形式在居酒屋举行，部分退休的员工也会参加，同事们一边喝酒，一边互相勉励并回顾过去的一年。——编者注

"我在减肥，但是半夜又忍不住吃了蛋糕。"

"我戒烟一个月了，但是一不注意又抽了。"

这些都是司空见惯的事。这些小错误不断累积，逐渐变大，有时候甚至会上瘾。我相信上瘾也是从"常见的小事"开始的。因此，任何人都有患上依赖症的危险。

为了让内心安定而去做的"常见的小事"，结果却让内心变得一团糟。由常见的小事引起的依赖症、潜藏在身边的依赖症，会让人生朝着不好的方向发展。

兴趣的门槛

电视等媒体上经常说"要克服依赖症就要培养新的兴趣"。例如，依赖酒精的人开始把运动作为自己的兴趣，沉迷于运动之后，自然就不会去想喝酒的事了。即使遇到什么不开心的事情，也可以通过运动来转移注意力，对自己说一句"开始练习吧"。这样一来，你的世界就会更加广阔，生活也会更有活力，而且还可以渐渐远离过度饮酒的陋习。

的确如此。不过，找到兴趣是很难的事情。如果有人对我说"为了克服依赖症，去培养一个兴趣吧"，我并不会很开心。

有些问题我一直都不擅长回答。比如：

"你休息的时候会做什么？"

"你的兴趣是什么？"

"你喜欢的事是什么？"

我之所以不擅长回答这些问题，是因为我的答案是"没有"。对对方而言，提出这些问题是为了获取聊天的线索，通过谈论我喜欢的话题，让不擅长聊天的我心情变轻松。但如果我回答"没有"，那就太扫兴了。当然，我也很想回答"我的兴趣是××"，我也很想两眼放光地说"我迷上了那个"。

大学毕业前找工作的时候，我常被面试官问道："你喜欢的事情是什么？你的兴趣爱好是什么？"即使在那个时候，我也没有想出自己所谓的爱好。不过，一年去旅行几次我还是很开心的，所以我会回答"喜欢旅行"。

朋友好心建议我说："面试官问你兴趣爱好时，说'旅行'不太好。因为旅行不是每天或者每周都能做的事情，所以面试官会认为你没有一个渠道来释放每天的压力，可能会患上心理疾病。"

用这种程式化的面试来评价一个人真的好吗？不过话也不能这么说，找工作确实很难，于是我拼命思考应该培养什么样的兴趣。

如果能通过兴趣找到目标的话，即使每天有很多不愉快的事情，也能保持乐观积极，感受到人生的价值。但是，对我来说，拥有兴趣和目标本身就是一件门槛很高的事。为什么我就连找到兴趣都是一件很难的事呢？因为我在被负面情绪所支配。

堕入负面情绪的地狱

我想每个人都有过被负面情绪煽动而做出不好的行为的经历。

我是一个情绪起伏很大的人，会一直纠结过去的事情。中学时代我曾受到过同学的霸凌，每天都被人看不起，这对我来说是一段很委屈的记忆，以至于现在写下那段经历都让我很痛苦。

我没有和任何人说起过这件事，因为我认为是自己没用才会被欺负。如果找人谈起这种事的话，一定也会被看不起的。我完全被负面情绪所支配，把怒火发泄在物品上，迁怒于家人，以及伤害自己……

很多人可能没有到被霸凌的地步，但都有被看不起而感到委屈的经历。我想你能理解我的委屈。

那件事已经过去了很多年，我已经不再每天想着它了。或者说，正因为把委屈当作动力，我才得以活到现在。但是，当我感到疲惫或者遇到不愉快的事情时，那段记忆就会复活。我的心情又会变得阴郁，认为自己成了一个垃圾般的存在。难道我还要一直这样下去吗？负面情绪涌上心头，我又产生了伤害自己的冲动。

每个人都渴望积极的生活方式，我也不例外。但当我被过去不愉快的记忆和日常的压力困住时，负面情绪就会肆虐，我就会失去自我，走向依赖。进而继续产生负面情绪，认为自己是个废物，然后再次走向依赖……就这样堕入蚂蚁地狱❶。

无论我如何克服依赖，过去的记忆所引起的负面情绪都会让它们重新复活。

要怎么做呢？接下来我想谈谈从我个人经验中发现的对我有效的方法。我觉得我应该谈谈这个。

---

❶ 比喻难以摆脱的困境。——译者注

和自己的约定

底线

我在新闻中听到过很多悲惨的事件，比如牵扯很多人的街头谋杀案，这是对社会积攒的仇恨爆发了吧？如果说无差别杀人的起因是仇恨和愤怒等负面情绪的话，那么我们也不能完全置身事外。

"带孩子太累了，所以动手打了孩子。"

"太烦躁了，所以把墙踢了一个洞。"

"把气撒在那些无法反驳我的人身上。"

一气之下做出某种行为，事后又感到自我厌恶，我想每个人都有过这样的时刻。这样的事会发生在所有人身上。

理论上讲，我们也有走向犯罪的"选项"。虽然有这个"选项"，但你为什么不选呢？那是因为你知道"不能越过这条底线"。说得极端一点，就算再怎么愤怒，也有"不杀人"这样的"底线"。

也就是说，你一直在遵守和自己的约定，即"不会逾越底线"。无论这条底线有多低，你都遵守了和自己的约定，这一点毋庸置疑。

爬着也要来

高中时期，我所就读的高中是地区范围内特别重视文化祭[1]的高中。文化祭的前一天，全校学生聚集在体育馆。在迎接第二天的文化祭之际，一位老师讲了这样一段话：

"每年文化祭的准备日都有一些人不来。听好了，文化祭准备日，就算身体不舒服，爬着也要来！"

在做准备工作的时候，确实有好几个人以身体状况为由缺席。当然，可能他们真的身体不舒服。一般来讲，这种情况下老师只会对他们说"好好休息，保重身体"，所以我很震惊老师竟然会说出那样的话。如果是现在，这样的发言一定会引起公愤。"爬着也要来"这种话放在现在，毫无疑问会被认为是职权骚扰。

但是，我想老师一定是做好了承担一切风险的心理准备之后才说出这句话的。我认为老师想表达的不是"要遵守学

---

[1] 指在日本的学校或某个场地，由学生或居民举办的表演、发表研究成果、音乐会、讲演会等活动。——编者注

校的规章制度"，而是"要遵守和自己的约定"。

虽然它不过是一个文化祭的准备工作而已，但是，如果我们每次都想着"不过是××"而违背和自己的约定，长此以往，最终可能会越过"底线"，甚至走向犯罪。

这难道不是老师因为担心我们的将来而说出的严厉的话吗？老师一定是在警告我们，人一旦被负面情绪所吞噬，越过"底线"，就可能堕落到任何地方。

作业

要克服依赖症，"遵守和自己的约定"是基础。虽然我们可以获得新的兴趣和目标，但如果这个基础不牢固，一切迟早都会崩塌。

那么，要如何成为遵守和自己的约定之人呢？答案就是"好好做作业"。曾经我有一项家庭作业是把同一个汉字写一百遍以上，但是人不可能写一百遍同样的字还能做到集中注意力，实际上这种时候大家都会边看电视边写字，最后的结果只是手在动而已。这样的话，即使写了一百遍也记不住。所以我一直在想"做这样的作业学不到东西"，相信你也有过同样的感受。我们对"作业"这个词并没有太好的印象。

那么，把"作业"一词换成"约定"又会如何呢？我现在才意识到，这不是为了记住汉字而布置的"作业"，而是一种"约定"。这是为了遵守和自己的约定，死守最后的"底线"而进行的训练。这种训练的目的在于使自己在负面情绪开始蔓延时，不至于堕入蚂蚁地狱。

即使是看似毫无意义的作业，只要认真完成，你也能成为"遵守约定的人"。这样做不是为了赢得老师的信任，而是为了赢得自己的信任。

那么，对那些在学校里偷懒不做作业的人来说则为时已晚了吗？

不是这样的。大人也有作业，事实上，大人每天都在做作业，比如遵守约定的时间、把借的钱还上、收集需要的资料并按时提交文件等。

很多大人并没有完成大人的作业，他们总是迟到、欠债、不按时提交文件、不管怎么被提醒仍然要在走路的时候玩手机，等等。这些人并不是在轻视谁，只是背叛了和自己的约定。

我们要认真对待必须要做的事和应该要做的事，这样才能成为遵守和自己的约定之人。

负面情绪一旦开始蔓延，我们的人生就可能会堕入无可挽回的深渊，甚至走向犯罪。在我看来，能够守护我们的，只有一直以来我们所珍视的"和自己的约定"，那就是"不要逾越底线"。

如何拯救自我

"那你自己认真做作业了吗？"被问到这个问题我就很惭愧了。高中时期，我 90% 的作业都没有做。不仅如此，我还每天迟到。我大概只有两次为了考试而认真学习。

这样的我却有一个去东京上名牌大学的梦想。我想进入名牌大学后，再回头看看中学时代那些欺负人的孩子们过得怎么样。我是这么想的。

但是我参加入学考试毫不意外地落榜了。对我而言，失去的不仅仅是大学的升学机会。我的负面情绪不断蔓延，连人际关系都变得一团糟。我感觉自己的人生完蛋了。

没办法，我只得进了一所传言只要在考试的时候写下名字就能考上的短期大学。入学后我才知道，学校有可以转入四年制大学的机会，但是竞争非常激烈。我认为这是自己最后的机会，为此拼命努力。

不同于高中时代，我遵守了所有"和自己的约定"。我不迟到也不旷课，按时提交作业，认真准备考试，尽力做好每一件事。后来，我转入了四年制大学，虽然遭到了一些人的嫉妒，但也遇到了认可我努力的人。

不断违背"和自己的约定"会怎样呢？始终坚持"和自己的约定"又会怎样呢？我并不想炫耀，只是想说，我亲身经历了这两种极端。因此我坚信，拯救自己的唯一方法是成为一个遵守"和自己的约定"的人。

帮助他人

有时候遵守和自己的约定，能够拯救的不仅仅是自己。

不迟到就不会浪费他人的时间，对方或许可以用这没有被浪费的五分钟或十分钟来和家人相处。

按时将需要的资料准备妥当并提交给接收方，对方就不用花费时间和力气去处理资料不全的问题，这部分精力他们或许可以用来帮助有困难的人。

去景区游玩的时候遵守当地的规定，附近的居民就能住得更舒心。或许他们会因此更热爱自己的家乡，也能更慷慨地迎接游客。

或者，看到认真遵守约定的你，或许有人会觉得"虽然这个世界上都是些狡猾的人，但也有人在正直地活着啊"，从而内心变得更平静，对待他人也更加友善。

我们遵守约定时，也在无形中为他人的幸福做出了贡献。这些确实是小事，但人生不就是由这样的小事积累而成的吗？

我们要认真完成每天的作业，也就是遵守和自己的约定，由此拯救自己，进而帮助他人。

不要被他人的恶意吞噬

心怀恶意的人们

我一直在讲，要重视每天的作业，遵守和自己的约定，让自己成为更能对抗负面情绪的人。

如果你已经读到这里，想必你一定和我有某些相似之处。你并不圆滑，但你一定不满意现在的自己，想让人生变得更好。也许你会想，从今天开始要好好遵守那些小小的"和自己的约定"。但是，即便你竭尽全力想要让自己的内心变得平静，这世上还是有很多人试图去扰乱你。

世界上有很多以看到他人受伤和痛苦为乐的人，比如有因为心情不好而患上"路怒症"人，有单纯为了欺负人的恶意投诉者，有在社交网络上中伤诽谤他人的人等。遇到这样的人，无论你如何调整自己的心情，情绪还是会被引向负面方向。因为这些没有心的人，让好不容易克服了依赖症的你又会重蹈覆辙。这就是现实。

如果能够控制情绪的波动，那当然很棒。如果能抑制负面情绪的爆发，那就再好不过了。然而现实中这并不容易做到，因为即使你设法平复了情绪，也会很快被那些不怀好意的人再次扰乱。而且情绪一旦开始爆发就更难消除了，这对每个人来说都很困难。

情绪稳定的时期

不过，你也有情绪稳定的时期吧？可能是三个月一次，可能是一个月一次，也可能是三周两次，等等。你应该不会随时都处于情绪爆发的状态，否则你连读这本书的时间都没有。

人在疲劳的时候，大脑只会接收到负面信息，忽略正面的信息。就我而言，这些负面信息会唤起自己曾经被欺负的记忆，让我在充满挫折感的同时不禁往坏的方面想："我在做什么呢？"

被负面情绪牵着鼻子走的时候，就算再怎么努力想办法也无济于事。与其这样，不如对情绪稳定的时期多加利用，这才是良策。火势蔓延后试图靠自己灭火几乎是不可能的，我们要做的是在平时就创造一个不失火的环境。这是同样的道理。

情绪稳定的时候也不要忘记和自己的约定。只要在情绪稳定的时候记住约定内容的十分之一，不，百分之一也行，这样就比完全放弃约定要好。

负面情绪总会再次来袭，人又会变得阴郁。但这也没关系，对任何人来说克服情绪波动都是一件困难的事。只是，在情绪稳定的时候，请珍惜那些小小的"和自己的约定"。因为能在最后时刻守护我们的，只有我们紧紧握住的"和自己的约定"。

故事展开

我曾经说过自己没有什么可以称为"兴趣"的东西，但是现在有了，而且我常会因为有太多想做的事而忙得不可开交。

英语现在是我的兴趣之一。我小时候经常大声朗读英文书，但完全是在乱读一通，我只是喜欢英语的节奏。

刚上初中的时候，我很期待上英语课，然而英语课实际上非常无聊，让我大失所望。加之讨厌学习和考试，所以我经常旷课。因此，直到现在我仍然没有达到初中的英语水平。

成为社会人之后，我在完全不需要英语的职场工作，私底下也没有使用英语的机会，以至于有很长一段时间我忘记了英语。

油管网（YouTube）的英语教学视频又唤起了我曾经对英语的憧憬。我以前总是睡到最后一刻才去上班，现在却开始早起学英语了。不，这不像是在学习，因为我把自己喜欢的东西作为教材，比如社交网站、漫画和视频等，而且我会按照自己喜欢的方式来学习。加之不用担心考试，所以我可以专注于享受其中的乐趣。

我的生活变得充实起来了，尽管我的情绪并没有完全稳定下来，有时候仍然会感到沮丧，但我受到负面情绪牵制的情况日益减少了。而且，乐趣会衍生更多的乐趣，过去被人问到兴趣、爱好时只能低头沉默的我，现在也有了越来越多想做的事情。

重要的不是试图消除负面情绪。游戏中有不同的选择和分歧点，不玩游戏的人可以试着想象一下。根据不同的选择，游戏的前进方式也会不同，甚至结局也会有所改变。如果选择同样的选项却无法进入下一步，那么玩家就会考虑换个选项。

同理，想要改变人生，想要改变自己，就必须做出不同以往的选择，由此展开新的分支。我提出的选项是"遵守和自己的约定"，哪怕只是做到在情绪稳定的时候不忘记和自己的约定，这样就可以了。或许这种选择甚至无法让你感觉到一丝渺茫的可能性，但是，新的故事将由此展开。

相信我，你的新故事一定会由此开始。

遵守"和自己的约定"，你的新故事将由此开始。

跨越悲伤

大规弥生

突如其来的消息

电话

那是我高中时的事情了。一个周日的傍晚，楼下的电话铃响了，不知为何我感到心里发毛，赶忙下楼拿起听筒，对面传来了母亲出事故被送到医院的消息。

当天晚上母亲离开了。

这件事过去十五年后，手机开始普及，每个人都拥有一部自己的手机变成了稀松平常之事。但那时候信号很差，通话经常是断断续续的。

某天，我的手机接到一个电话，但是听不清楚对方在说什么。于是我让对方重新打家里的座机，结果还是很难听清。从断断续续的声音中，我好不容易听明白了对方的意思："你丈夫被送到医院了，请你过来一趟。"为丈夫准备好换洗衣物后，我就立刻赶去了医院。我并没有接到母亲出事的消息时那种忐忑不安的感觉，当时只觉得应该为了慎重起见让丈夫在医院住一晚。

当天晚上丈夫离开了。

我因为突发事故失去了两位家人。这都太突然了，在我的人生中，同样的事情发生了两次。

母亲去世的时候，我认为这样痛苦的事情不可能再发生了，那时我尚有继续面对人生的力量。然而，本以为不会再发生的事情又再次发生了，而且还是完全相同的状况，我甚至连站起来的力气都没有了。

我开始怀疑人生的意义。这么痛苦的事情为什么会发生两次？为什么是我？

不明白这一点就无法面对人生。我是这么想的。

厄运

无论我出生的国家和时代也好，我的容貌也好，还是父母的经济状况也好，都不是自己所期望的。为什么只有我一个人要承受这些呢？我做错了什么吗？我到底能做些什么？什么才是正确答案？

我厌倦了这种永远不可能有答案的自问自答，不知不觉中开始自己创造答案。

比如，早上出门的时候穿鞋先穿右脚，当天就不会发生坏事。在时针正好指向八点时出门，就不会发生坏事。总之，我就是在试图破除厄运。虽然这种做法过头的话就会变得神经质，但我还是觉得它产生了在我快要崩溃的时候稳住自己的效果。

为什么会发生如此糟糕的事情呢？为什么母亲那么年轻就离开了人世呢？

后来我想："啊，是因为我唱了那首歌啊！"母亲去世前，我和她一起去了卡拉 OK 厅，我试着唱了一首以前没有唱过的歌。我心里想着，就是那件事不对，只要不唱那首歌，就不会发生坏事了。于是我再也不唱那首歌了。通过这样的迷信，我给自己没有答案的问题画上了句号。这让我的心情稍微平复了一些。

围绕没有答案的问题反复思考，只会让自己感到疲惫。通过自己创造出的答案来达成与自己的和解，我总算挺过了负面情绪的风暴。

笑嘻嘻的阿姨

母亲刚去世那阵子，有一天，在我放学回家的路上，有一位"笑嘻嘻的阿姨"跟我搭话。她是我同学的妈妈，短发，浓妆，声音沙哑。

她笑着对我说："我也在小时候失去了母亲，过得很辛苦，你要加油哦。"然后她递给我一盒草莓就走了。

我对此无法理解。虽说事情已经过去了，但是她为什么能笑嘻嘻地说出自己的不幸和痛苦呢？无论再过多少年，我也无法成为那样的人。老实说，我也不想成为那样的人。

这种悲伤一辈子都不会消失，我也不想让它消失。我一直没有忘记这份悲伤，这似乎是母亲存在过的证明。

自从母亲去世后，每每被问到和她有关的事，我都会感到疼痛，仿佛触碰到了永远无法愈合的伤口。心是看不见的，但疼痛却是时时刻刻能感受到的。从决定不忘记这份悲伤的那天起，我就时不时地触摸伤口，确认疼痛。我反复回忆，不断提醒自己不能忘记那份悲伤。每重复一次，悲伤就加深一次。

因为自己是这样的人，所以在我看来，那位"笑嘻嘻的阿姨"就像外星人一样。

必须做的事

一位七十多岁的志愿爬山向导曾对我说："退休在家待着，看起来轻松，其实很痛苦。"他背着一个塞得满满的背

083

包，很难想象这么大的包是一日往返用的。他会用手工制作的连环画为爬山者讲解注意事项，并向他们展示在山上捡到的树枝和果实等。为此，他需要带很多行李。我很佩服他的热情，于是在中午吃便当的时候过去和他搭话。

我问他："拿着手工制作的连环画、树枝和果实走路很辛苦吧？"他说："因为能让大家开心，所以不觉得辛苦。"他说，思考如何让活动的参与者了解更多知识，以及如何让他们开心是很有意思的事。

他告诉我："今天有要去的地方，今天有要做的事情，这是一件非常幸福的事。"

就我而言，要做的事就是工作和家务。如果是"想做的事"还好说，但在做这种"必须要做的事"时，我想很少有人会感到幸福。我认为自己不太可能达到这位老先生的境界。

抱怨无用

我不喜欢和同事在共进午餐时一起吐槽上司，不喜欢和邻居站在一起聊天，也不喜欢和朋友打长途电话。

做这些事可能会让自己舒服一点，但是并不能解决问题。即使我们抱怨父母唠叨我们的学习，或者抱怨快下班的时候被上司安排了工作，父母也不会因此就停止唠叨，我们也不能因此就可以不用学习；吐槽老板也不会减少工作，必须加班这件事并不会改变。

我认为把语言和时间花在这种无法解决的问题上是徒劳的。倾诉自己的不幸并不会改变现实。但是我知道，倾听和我有类似遭遇的人是怎么做的，会对现实生活中的我有所启发。

如果有过类似痛苦经历的人聚在一起交流，听了大家的话就会知道自己并不孤单，从而有勇气和大家一起努力面对。

道理我明白，但我从来没有参加过这样的聚会。我一直以为让他人倾听我的痛苦这类的事情和我无缘。

越野跑

我不喜欢参加马拉松比赛和运动会。我本身不喜欢活动身体，对观看体育比赛和呐喊助威也不感兴趣。

我完全不理解马拉松这种运动——明明没有人要求你去做，却要把自己搞得很累。我可以理解人们为了健康而慢跑，但是我完全不能理解为什么有人喜欢马拉松这项残酷的运动。

我就是这样一个人，甚至连对"越野"这个词都一知半解。所谓越野，是指在山上、森林等没有铺设柏油路面的自然环境中进行的跑步比赛，现在更普遍的叫法是"越野跑"。虽然它作为一项竞技运动的认知度还很低，但其人气正在逐渐上升，甚至有人说它几年后可能会成为奥运会的比赛项目。

光是在柏油路上跑步就已经够累的了，更何况是在崎岖的山路上跑。然而，年过四十之后，我却萌生了去参加越野跑的念头。让我产生这个念头的契机是孩子高中的运动会。

逃学

我想，所有父母都会为不知道如何处理和孩子的关系，以及不知道孩子在想什么而烦恼。我也不例外。

与敢于直言的强势的我相比，我的孩子是沉默寡言、稳重大方的性格。因为他不太说自己的事情，所以在他进入青春期后，我越来越不了解他的想法了。

初二的时候，他开始逃学。当时我刚失去丈夫，满脑子都是自己的事，也没有在意那段时间他是怎么过的。

有一天，我拖着疲惫的身体下班回到家，看到他像往常一样在客厅玩游戏。我平时很少对孩子发火，但那天我非常生气。

我对他吼道："妈妈工作这么辛苦，可你整天就知道玩游戏！"我一生气声音就会变得很凶。沉默寡言的孩子没有顶嘴，他默默回到自己房间，一天都没有出来。半夜里，我把耳朵轻轻地贴在他的房门上，听到他在睡梦中的呼吸声，这才松了一口气。

我认为这样不行。第二天下班回到家，孩子还是在客厅玩游戏，虽然他看起来有些小心翼翼。我为昨天生气的事情跟他道了歉，对他说："妈妈昨天太累了，一不注意就把烦躁的情绪发泄出来了。"

然后他对我说："我希望妈妈也能陪我玩游戏。"我说："暴力游戏不行，但角色扮演之类的应该可以。"孩子很吃惊，回答道："知道了，我去找一找。"

那天晚上，浴室传来了孩子哼歌的声音。我流下了眼泪，真想每天都能听到孩子哼歌。

参与其中

运动会

孩子说想上高中，将来念大学。学校的老师没有理睬他，所以我让他进了我想办法为他找的高中。

那所学校是孩子的希望，也是我的指望。学校里的学生人数比较少，所以家长也要参加运动会等活动。由家长组成的队伍会与孩子们组成的队伍对战。

首先是骑马战[1]。我从来没有打过骑马战，也不知道怎么组马。我一边请教其他妈妈，一边骑马出征。比赛过程中，有的组是诱饵，有的组去帮助其他人，大家配合默契，发起战略性冲锋。跑着跑着我渐入佳境，不自觉地大喊："冲啊，冲啊！"

---

[1] 一项十分有日本特色的运动游戏项目，这个游戏是由古代骑马的武士之间的争战演变而来的，双方各有几个人抬着一名队友，互相争抢对方队员的帽子。因为这个项目有些危险，所以现在被一些学校取消了。——译者注

水手服

接到"所有家长要在运动会上穿水手服跳舞"的通知时，我只想着怎么逃走，然而这是不可能的。我学生时代的水手服早就处理掉了，也没有人可以借给我，于是我就在网上买了一套。收到之后一看，竟是偶像团体风格的水手服，我实在不好意思试穿。

运动会当天，不仅妈妈们穿着水手服，就连爸爸们也都穿着水手服。我顾不上自己的形象，看着周围的家长们笑了出来，并和大家跳了一场蹩脚的舞。让我惊讶的是，尽管之前那么想逃走，但在那一刻我却感受到了前所未有的快乐。

我讨厌运动，也讨厌运动会，尽管如此我还是参加了，因为这对我来说是"必须做的事"。但结果我很开心，很努力地参与并乐在其中。

我想起了那位志愿爬山向导对我说过的话："今天有要去的地方，今天有要做的事情，这是一件非常幸福的事。"

好像是自己的高中

从那之后，在参加家长聚会和学校活动的过程中，我渐渐对去学校这件事充满了期待。我和其他家长朋友们在学校以外也会联系，大家一起出去玩。

在有过逃学经历的孩子当中，可能也有人喜欢学校，但是因为一些客观原因没办法去上学，他们中的大多数人应该都对学校抱有负面情绪。家长也是如此，自己的孩子都不愿意去上学，怎么可能对那所学校有好感呢？

所以，在我为孩子找的高中里，如果有什么活动需要家长积极参与，我一定全力配合。这是我"必须做的事"。而且，当我以这种方式和学校产生关联的时候，我觉得它好像是我自己的高中一样。

在这里，老师会认真地对待每个学生，孩子们也在茁壮成长。我和同样因为孩子逃学而烦恼的妈妈们的对话也绝对不是发牢骚，而是像和老朋友聊天一样舒服。

最后的运动会

学校运动会的活动中，有一项是任何人都可以参加的越野跑。这就是我年过四十开始越野跑的契机。

我说自己觉得越野跑很有意思，想去试试看，但是被一位家长朋友阻止了，她告诉我："那样跑的话，你会累得筋疲力尽，就没力气开车回家了。"确实，我认为她的话也不无道理。

可是，孩子也上了高中三年级，我只剩下很短的时间作为家长和这所学校产生关联了。为了不留遗憾，最后的运动会我还是去参加越野跑吧。但我决定这件事先对大家保密。

我从运动会的一个月前就开始偷偷练习跑步。虽然干劲十足，但是长大之后我就几乎没有运动过，所以我只是试着跑完两根电线杆之间的距离，就累得气喘吁吁。不过，通过一天天的练习，我渐渐地能跑更长的距离了。我吃饭变得很香，睡眠质量也提高了。一个月后，我已经可以跑 5 千米了。

我做了能做的一切，甚至还制作了一条支持自己的横幅。

横幅

终于，到了最后一次运动会的时间。

广播里传来声音："越野跑参赛者请在起点集合。"听到广播后，我举起手，家长朋友们都惊呆了。我告诉他们："别担心，我已经为这一天练习过了。"然后我把亲手制作的横幅递给他们，请他们为我加油。

我发现，在山上跑步比想象中更舒服。

离终点不远了。虽然排名靠后，但一看到我，家长朋友们就欢呼起来。在他们"加油！加油！"的欢呼声中，我顺利到达了终点。

这是一种多么令人振奋的感觉啊！而且我感受到了，被支持是如此开心的事。

马拉松

高中的最后一次运动会结束后，我依然继续坚持跑步。我开始想，也许我也能完成半程马拉松。然而当我实际尝试时，才发现自己无法跟上在时限内完成比赛所需的速度。我的膝盖很痛，感觉已经到了自己的极限。

有一次，我有机会与一个和我同时期开始半程马拉松训练的人交流，据说他将在半年后参加全程马拉松。他邀请我一起参加，但我没能立刻答应。仅仅是半程马拉松就让我很吃力了，我无法想象要跑两个半程的距离会是怎样。

我问他为什么想从半程马拉松一下子就去挑战全程马拉松。对方是个外国人，他回答说："我不知道自己会在日本工作到什么时候，所以想趁我在日本的时候挑战全程马拉松。"他很向往日本，在自己的国家学习日语后独自一人来到日本工作。因此，他为在日本跑马拉松的梦想激动不已。相比之下，我却如此局限在自己的舒适圈里。考虑了两周，我终于决定在半年后挑战全程马拉松。

于是我制订好计划并开始练习。半年后，我终于在关门时间前的最后一刻跑完了全程马拉松。

广阔蓝天、苍茫白雪

跨过悲伤

我突然失去母亲，又突然失去丈夫。为什么这种悲伤的事总是发生在我身上呢？我曾经迫切想知道答案，不过现在我认为，不知道答案也没关系。

悲伤是不会消失的。今后可能还会遭遇突如其来的不幸。我不知道什么时候会发生什么事。"为什么总是我？"恐怕这个问题也无解。重要的是不要因为悲伤而止步不前，要跨过悲伤。

本以为无法完成的全程马拉松我也跑完了，我想自己应该可以用这种飒爽的姿态跨过悲伤。

登顶的一瞬间

跑完全程马拉松后，我又开始了登山运动。

有时候我觉得攀登雪山就像人生。即使进行了充分的训练，做了周密的计划和准备，也无法改变当天的天气。

在恶劣天气下攀登超过两千多米的雪山，是真正性命攸关的事。我也经常因为恶劣的天气而中途撤退。一位资深的登山前辈曾告诉我："如果想攀登的话，你可以再来。五次、十次都可以，再来就好了。如果其中有一次成功登顶，那就说明你当时足够幸运。抱着这样的心态去挑战就可以了。"

即使能够到达山顶，在极寒的雪山上停留身体也会感到寒冷。哪怕花了三四个小时才到达山顶，也要立刻下山，因为下山又需要花三个小时。相比于上山和下山的时间，在山顶停留的时间只是一瞬间。为了这一刻，我们训练、做准备、制订计划，然后默默地攀登好几个小时。

登山时不能摘下手套，因为手的热量会在一瞬间蒸发。徒手去触碰金属的话，手会粘在金属上而拿不下来。我们在登山时通常会戴两三副手套。寒风吹在脸上不仅很冷，还很痛。为了不被绊倒，我每一步都走得小心翼翼。

这时，我突然抬起头，在耀眼而温暖的阳光里，是一个有着广阔蓝天、苍茫白雪的世界。那一瞬间，我忘记了寒冷和疲惫。虽然只是一瞬间，却是任何东西都无法替代的一瞬间。

这样的瞬间不仅存在于登山中，也存在于工作、兴趣和人际交往中，也许只是因为它们离我们太近，以至于我们没有注意到而已。当你对充满痛苦的人生感到疲惫时，蓦然抬头，一定会发现这些瞬间。

给你的话

上高中时，我一直觉得那位笑嘻嘻的阿姨是个没心没肺的人。我认为我们不应该轻飘飘地说出"我过得很辛苦，你也要加油哦"这样的话。

是我错了。我被悲伤的情绪所支配，只想着自己的悲伤。那位笑嘻嘻的阿姨在她的母亲去世后，一定也在与这种悲伤的情绪做斗争。正因为如此，当她看到有同样遭遇的我时，才忍不住来和我搭话。

正因为有过痛苦而悲伤的经历，所以才想要表达。在我看来，有一些话是必须要表达的。

所以，我想对读到本章最后的你说："我曾经也很辛苦，你也要加油啊！"

不要在悲伤中止步不前，要跨过悲伤。

3

第三章

如何面对负面情绪

石井裕之

　　我曾说过我是催眠疗法治疗师，但我接下来要讲的内容都是我自己的想法，和催眠疗法无关。催眠疗法说到底不过是一种"设定"。打个比方，在电影或小说中，只要能传达关于"友情"的信息，背景设定无论是拳击比赛、犯罪调查现场还是未来的荒废世界都没关系。同理，催眠疗法的技巧也不重要。只要让来访者心中产生新的概念，从而改变他们的想法和感受就可以了。想法和感受改变了，行动自然而然就会改变。行动改变了，现实也会改变。现实改变了，人生就会改变。

　　我在与来访者交流的过程中，当来访者惊讶地发现"原来还有这样的思想"时，就起到了治疗的效果。这种惊讶不仅对治疗有益，对个人成长也非常重要。所谓惊讶，是指自己心里产生了之前从未有过的概念，也就是发现了一个新的自己。所以，没有惊讶就没有成长，没有惊讶就无法改变人生。

　　最近，在自我启发类的书籍中，以"被科学证明的方法"为卖点的书非常引人注目。它的意思是说，书的内容并非敷衍了事。但是，比起被科学证明的事实，哪怕是童话故事，甚至是谎言和欺骗，只要有能够让读者的人生向好的方向改变的"思想"就可以了。我相信是这样的。

　　我接下来要讲的内容恐怕并不都能轻易让人接受。但是，我可以肯定地说，接下来我要告诉你的，都是我的治疗经验中有效果的东西。最重要的是，这些思想在我自己的人生搏斗中完成了对我的救赎。那么，我们应该如何面对内心的负面情绪呢？

　　开场白已经够了，接下来就进入正题吧。

如何面对委屈和憎恨

骚扰

例如，我在上下班的电车里受到了某人无端的骚扰，当时虽然尽力忍耐，但那时的委屈过了好几天也没有消失。不仅如此，每次想起这件事，心里的憎恨就越来越深。"当时要是这样骂他就好了""还不如打他一拳然后被逮捕来得轻松"，诸如此类的想法不断涌现。

此外，我也会想"为这样的事情每天折磨自己的心，实在太愚蠢了，还是忘掉吧"。我知道这是唯一也是最正确的选择，我知道再怎么委屈，也不应该因为这种无聊的事情而不断地折磨自己。

即便如此，当我特别累或者身体不舒服，又或者遇到什么不开心的事情时，那时候委屈的记忆就会苏醒，开始在脑海中蔓延。内心也会充满憎恨和愤怒等负面情绪，甚至连笑都笑不出来。我会把周围的人都看成敌人，也会因为一点小事而变得烦躁不安。

这是我自己吗？原来我竟是这样的人吗？一开始只是他

人对我作恶，而现在，我自己竟也变成了邪恶的人。

骤雨

我们再设想另一种情况。我在外面走路的时候遇到了一场突如其来的骤雨，浑身上下都湿透了。当天我有一个非常重要的会谈，为此我穿了最昂贵的西装，可偏偏在这样的日子突然下起了大雨。"真的假的，开什么玩笑！"我把怒火发泄在骤然来袭的大雨上。我知道抱怨雨也没有用，但我无法控制自己的愤怒，因为它毁了我珍藏的西装和重要的会谈。

但是，这种愤怒是否会像刚才提到的在通勤电车上受到骚扰的记忆一样，一遍又一遍地苏醒，然后在脑海蔓延呢？不会的，恐怕这种情绪当天就会消失，我并不会因为想起这件倒霉事就一次次地怒火中烧。

自由与恶

在通勤电车上被骚扰，一天的计划被骤雨破坏，为什么对前者的愤怒总是难以平息，而对后者的愤怒则会自然而然地消失呢？二者的区别在哪里？

可以说二者的区别在于"是否有恶意"。但是，所谓的有恶意或者没有恶意，到底是怎么回事呢？

那就是有没有自由。骤雨没有自由。下雨是当时的天气状态、地表温度等自然条件下的必然结果，它并非出于主观意志而淋湿我。因为不能妨碍我的会谈而去控制下雨，暴雨没有这种选择的自由。所以我也只会觉得，"哎，真倒霉"。

然而，在电车上骚扰我的人是有自由的。是他自己选择了骚扰我。他本可以选择保持自己的品格，但他却选择了对他人实施迫害行为。我认为他是出于自己的自由意志而作恶的。因此，我对他没有同情，也不能把发生的一切归咎于自己的倒霉。如果对方拥有一种极其特殊的体质，会在自己不自觉的情况下骚扰他人，他是不是就完全无法自由选择呢？如果我了解到这一点，也就会自认倒霉吧。

自然的齿轮装置

西蒙娜·薇依曾经说过这样的话：

除了善以外，绝不接受其他任何东西。为此只有一个办法，那就是要知道，没有被纯粹的爱所驱动的人与无机物一样，不过是世界秩序中的齿轮装置。只是，不要抽象地知道，而是要尽全力去了解。

在此我想说的是，没有爱的人确实只是齿轮而已。也就是说，在通勤电车上骚扰你的人和淋湿你的骤雨完全一样，二者都是没有自由的齿轮。对待怀有恶意的人的言行，就像对待突如其来的骤雨一样，唯有接受。薇依说，这是保护自己不受恶意伤害的唯一方法。能够这样想当然不是一件容易的事。但也正因为如此，我才强调要尽全力去了解，甚至不惜一切接纳。

心怀恶意的人其实是没有自由的。他们认为自己是在自由地心怀恶意，实际上并非如此，他们只是被自然的齿轮装置所驱动，就像被滚动的石头一样。因此，对骚扰自己的人生气，和对突如其来的骤雨生气其实是一回事。

如果能像薇依所要求的那样，尽全力接纳这种想法的话，那么所谓的恶意就等于不存在了。因为除了爱，一切都不过是自然法则和机器。

实现善意

遭到他人的恶意攻击时，我们通常也会条件反射性地做出恶意的回应。换句话说，在这种时候，我们自己也变成了齿轮。虽然我们认为自己是出于自由意志而用恶意回应他人，但我们这样做的时候其实也并不是自由的。实际上，我们总会说"不知道怎么就生气了""着魔了"，等等。事后想起来，无论哪一种情况，都说明我们当时迷失了自我。这意味着我们并不是自由的。

如果只用恶意来回应恶意，那就没有自由。但是，如果以善意回应恶意，那我们便自由了。以善意回应恶意是一件非常困难的事。是的，它当然很难，因为这不像齿轮那样是条件反射性的、自动的存在方式。"对抗恶意最正确的方法在于实现善意。"鲁道夫·施泰纳将其作为严格的神秘修行条件之一写了下来，可见这并不是一件容易的事。

祈愿平安

你一定会想："如果用恶意来回应恶意，那么自己也会变成邪恶之人，这我能理解。但是，无论怎么想，对方都是不值得被善意对待的人。既然如此，我又怎么能用善意来对他呢？"

一部经典著作中曾提道：

走进他人家里，要为对方祈愿平安。若那家配得平安，你们所求的平安就必临到那家。若不配得，你们所求的平安仍归你们。

如果你用善意对待的人不值得被善待的话，你所付出的善意就会回到你自己身上并为你带来好运。反过来说，如果只把善意回馈给值得被善待的人，那么善意就永远不会降临到自己身上。"你们若单爱那些爱你们的人，有什么可赏赐的呢？"

所以，你想以善意对抗恶意，这与对方是否值得被善待完全没有关系。这不关乎对方是什么样的人，而在于你自己是什么样的人。

如何面对委屈和憎恨

如何面对委屈和憎恨？我的结论有以下两点：

没有爱的人只是齿轮而已。如果受到恶意攻击，就把它当作偶然降下的雨吧。要尽全力接纳这个想法。

祈愿对方幸福，因为对方越是不值得幸福的人，你所祈愿的幸福就越会降临到自己身上。

如何面对不愉快的记忆

过去仅仅是信息吗

我接下来要讲的内容并不是有科学依据的，我只希望大家把它作为一种思维方式。我认为这种思维方式一定会对你有所启发，帮助你面对过去那些引发负面情绪的不愉快的记忆。

我在第一章讲过，过去的经历和记忆会内化在自己心里，今后也会一直存在。无论怎样平复心情，在过去不愉快的记忆的刺激下，负面情绪又会开始蔓延。因此，为了应对涌上心头的负面情绪，如何理解记忆就成了一个问题。

大多数人认为，记忆是以信息的形式记录在大脑中的，就像电脑硬盘里的数据一样。

就计算机而言，再怎么检索也无法检索到没有存储在硬盘上的信息。即使到互联网上检索，也无法访问与网络相连的其他硬盘中没有存储的数据。然而，就人类的记忆而言，以前从未被想起的记忆，也就是那些本不应该被记住的记忆，有时却会突然出现在我们的意识中。

回忆意味着重温过去

说到催眠疗法，并不是所有人都能进入同样的深度催眠状态，只有一小部分人会进入一种非常特殊的意识状态。在这种状态下，人可能会生动而准确地回忆起遥远过去的某一天所发生的事情。

虽然不是我自己的经验，但我读到过这样的实验故事。

治疗师为一位进入催眠状态的来访者指定了一个特定的时间，让他回到过去的某年某月某日某时，然后让回到幼儿时期的来访者在家附近散步。当然，这一切都是在想象中进行的。之后，来访者在某个时刻露出了困惑的表情。治疗师问他怎么了，他回答说："这里正在施工，我走不了。"

实际上，治疗师事先调查了来访者过去的资料，确认了只有那年那月那日那时来访者家附近的巷子在施工的事实，所以才会指定他回到那个时候。这不是一个对来访者有特殊意义的时间，他不可能记得在如此普通的一天，某条巷子在进行道路施工。

也就是说，我认为"回忆"也许并不是访问大脑记录的数据库，而是实时地重新活到了那个时刻。因此，即使被安慰说"痛苦的过去只不过是信息而已""一切都过去了"等，我的心情也丝毫不会变得轻松。你一定也有过这样的感觉。

当然，有些记忆是我们臆想出来的，也有些记忆是我们将记得的片段拼凑而成的。我敢肯定，大部分记忆都是如此。但是，当我们把记忆当作这种生动的东西来看待时，就能明白应该如何面对让我们痛苦的负面情绪。

大脑和记忆的关系

你可能会有这样的疑问："如果说记忆不在大脑里，那它在哪里呢？"如果是一件物品，或许我们可以问"在哪里"，但是记忆并不是物品。因为不是物品，所以即使没有存放它的地方，它也可以好好存在。你有爱着的人吧？如果被问："你的爱在哪里？"你不会觉得这个问题很奇怪吗？除非你相信"爱不过是大脑内化学物质的反应"，否则你就只会说"爱是存在的"，而不会追问它存在的场所。同理，你也只会认为"记忆是存在的"，即使没有具体的存在场所，也没有任何不妥。

"那么，大脑是用来干什么的？大脑和记忆又有什么关系呢？"对于这个问题，我会回答："确切地说，大脑是记忆的过滤器。"因为"记忆就在那里"，所以所有的记忆都会像汹涌的波涛一样涌向我们的意识，就连"几十年前某个小巷里进行过道路施工"这样无关紧要的事情，也会一下子进入意识。但这样是不行的，人甚至会因此变得无法思考。因为我们希望暂时过滤掉不需要的记忆，只让此刻需要的记忆进入意识中。大脑就在为我们做这件事。这就是大脑和记忆的关系。催眠疗法可以说是一种暂停大脑过滤功能的技术。所以，即便是微不足道的记忆也会被唤醒。

为什么痛苦的记忆会涌现

"既然如此，为什么不愿意想起的痛苦的记忆也会苏醒？这些记忆让我活得很痛苦，大脑为什么不屏蔽它们？"如果你有这样的疑问，那我正好可以借此机会说一些我想说的话。

为什么不愿意想起的不愉快的记忆会进入意识中？这当然是因为大脑的过滤功能很弱。身体虚弱会导致大脑的过滤功能无法充分发挥作用。事实上，不愉快的记忆大多出现在人们疲惫的时候、发烧的时候、生病的时候吧？身心都很充实的时候，不愉快的记忆不会那么容易进入意识。

另外，我周围也有很多人一到五十岁就突然变得抑郁。我自己也是如此。这也可以解释为，随着年龄的增长，体力逐渐衰退，大脑的过滤功能不能完全发挥作用，过去不愉快的记忆一下子涌入了意识中。

也就是说，过去不愉快的记忆不断涌现并给人带来痛苦，这并非记忆本身的问题，而是身体不适造成的。

我想再次重申，上述内容都只是一种思维方式，而不是在科学或生理学上被证明的事实。但是，这种思维方式将有助于我们了解如何面对负面情绪。

转移视线

我们很难直接处理不愿想起的不愉快的记忆，以及由此引发的负面情绪。与其努力在这样的事情上下功夫，不如暂时把视线移开，试着照顾好自己的身体。如果身体有问题，就要优先解决身体问题。比起辛苦想办法应对不愉快的记忆和负面情绪，照顾好身体的效果会更好。

说到保养身体，也不用想得太复杂，只需要做一些简单的事情就可以了。

举一个浅显的例子，我年轻时进入催眠疗法领域之前，有一个现象让我觉得很有趣。我发现自己每次做噩梦半夜醒来时，被子一定是敞开的，双脚处于冰冷的状态。另外，当我从一个愤怒的梦中醒来时，我会发现自己被子盖得太多，身体在发热。而且我还会经常在梦里面说"太生气了""太可怕了"之类的话。由此我明白了，梦的内容是通过外在行为来表现的，这真是很有意思。

当不愉快的记忆不断袭来的时候，也许身体会感到些许不适。所以，如果无法克制这些记忆带来的愤怒，这时你可以试着去室外吹吹冷风，或者喝点冰镇果汁。如果不安和恐惧的情绪让你心烦意乱，你可以试着在浴缸里泡久一点，或者慢慢地喝一杯热可可。即使是这样的小事情，也比在挣扎中努力消除不愉快的记忆和负面情绪要有效得多。

也许你会想："什么啊，去外面吹冷风、喝热饮，这些都是很平常的事啊！"我承认这些确实是稀松平常的事。但是，理解了这样做有什么意义之后再去做，和只是被告知去这样做，结果是不一样的。肌肉锻炼也是如此，一边有意识地锻炼肌肉一边举起哑铃，和漫不经心地举起哑铃，在效果上会有很大的差别。保养身体的时候，一边抱着"我是为了让大脑的过滤功能正常运作而这样做的，以避免不愉快的记忆进入意识"的想法，一边照顾自己的身体，和什么都不想，只是机械地照顾身体，效果也会大不相同。

而且，像这样有意识地去做某事，还可以带来自我暗示的效果。泡澡时，放松地喝红茶时，吹着外面凉爽的风时，或者做瑜伽和伸展运动时，当你在做这些事的时候，请同时想着"我现在正在恢复大脑的过滤功能，只有对我有利的记忆才会进入我的意识"。

如何面对不愉快的记忆

如何面对不愉快的记忆？对此我的结论如下：

> 过去不愉快的记忆进入意识，是因为负责过滤记忆的大脑机能变弱了。因此，不要苦苦挣扎于如何改变记忆本身，而应该努力消除身体上的不适。

如何面对不安和恐惧

坏事被吸引过来

人们常说，当你感到不安和恐惧时，与之产生共鸣的坏事就会被吸引过来。

现实中发生不好的事情时，平时就有杞人忧天倾向的人心中的不安和恐惧就会进一步膨胀，他们会想："啊，我担心的事情果然发生了。""看吧，让我感到不安的事情是真的。"

虽说现实中并不全是坏事，但因为人们总是在担心，所以对坏事更加关注。没有谁的人生是不会发生任何坏事的，因此人并不缺少证明自己不安的"证据"。说起来好像确实是这个道理。

但是，真的只是这样吗？因为怀着不安和恐惧，所以才会只关注和强调不好的事情，就像拿着放大镜看它们一样。换句话说，这只是"心理作用"吗？

即使听到别人说"你担心的大多数事情都不会在现实生活中发生"，自己的心情也丝毫不会变轻松，因为糟糕的事情正在发生，也会因此很生气地回复他人说："这对你来说是别人的事，所以你才能说出这么冷静的话吧。"

理性的人

无论是平时不会莫名感到不安和恐惧的理性之人，还是完全不相信"负面想法会带来负面现实"的人，如果在现实中接连遇到不好的事情，也都会有一种自己被诅咒的感觉，从而被不安和恐惧紧紧包围，尽管他们嘴上总是说"担心也没用，将来的事情谁知道呢"。

幸福可能会理性地到来，但不幸往往会非理性地降临。正因为理性的人原本就是用理性思考的"聪明人"，所以当现实生活中不好的事情以非理性的方式持续发生时，他们就会陷入混乱，反而被不安和恐惧所支配。

当不安导致坏事发生时

"如果感到不安和恐惧，与之产生共鸣的事情就会被吸引过来。"我觉得这是真的。但是，问题不在于"担心和害怕的事情是否会成为现实"，而在于"以怎样的心情去接受现实中发生的坏事"。

对于已经发生的事情我们只能接受。因为不安和恐惧总是萦绕在你的脑海，所以才会发生不好的事情。哪怕真的是这样，你也不应该因为这些事情而使自己的不安和恐惧进一步膨胀。

然而，任何事情都是知易行难。怎样才能做到以良好的心态面对不好的事情呢？有没有什么可以帮助我们的思维方式呢？

打败怪兽

鲁道夫·施泰纳的讲义上有这样的话：

恐惧和不安会破坏人与精神界的关系。这是因为在精神界里，有一些存在者把人类的恐惧和不安当作绝佳的养料。如果没有一个人怀有恐惧和不安，那么这些存在者就会挨饿。对精神界没有研究的人可能会认为这只是一个比喻。但是了解精神界的人就会知道，这是现实。当有人制造出恐惧、不安或混乱时，这些存在者就会将其作为很好的养料，依靠养料变得越来越强大。这些存在者们对人类抱有敌意。以负面情绪、不安、恐惧、迷信、失望感、不自信等为食的东西都是对人类抱有敌意的存在者。它们一旦发现养分，就会对人类发起猛烈的攻击。

我非常认同这里所讲的内容。我在催眠疗法中就有过类似的设想，即通过让来访者想象施泰纳所说的邪恶的存在者来克服他们的不安和恐惧。

怪兽是真实存在的

在催眠状态下，让来访者把自己的不安和恐惧想象成"怪兽"。然后引导来访者想象这样的场景：随着自己的身体越来越大，怪兽就变得越来越小了。最后，自己用脚狠狠踩死了豆粒一样小的怪兽。这听起来很幼稚，但很有效。在拙著《拯救无用的自己》一书中，我也将"以克服恐惧心理为目的的想象工作"作为自我治疗的方法进行了说明。

这样的想象工作实在是太有效了，所以我认为这并不是单纯的空想。以充满恐惧和不安的我们为养分，不断变得强壮的怪兽是"真实存在"的。相反，当我们放下恐惧和不安时，怪兽可能会因为"营养不良"而变得越来越弱小。我是这样认为的。

坚决拒绝喂食

我相信即使你完全不相信精神界的存在，也不会抗拒将其作为一种思维方式来加以利用。

刚才我讲过，问题不在于"担心和害怕的事情是否会成为现实"，而在于"以怎样的心情去接受现实中发生的坏事"。即使不安和恐惧导致现实生活中发生了不好的事情，也不要因为发生的坏事而使自己的不安和恐惧进一步膨胀。那么我想问的是，怎样才能以这样的心态去面对不好的事情呢？

请尽全力将以下思维方式转化为自己的想法。

不好的事情发生了。这也许是你无法放下的不安和恐惧所导致的必然结果。但这并不重要，眼前所发生的坏事，就是邪恶的灵魂本身，用我的话来说就是"怪兽"。如果因为这件事的发生，你的不安和恐惧进一步加剧，那这无异于给怪兽喂食。面对对你怀有敌意、希望你不幸、以你的灵魂因负面情绪变得支离破碎为乐、把你的痛苦当作养料、变得越来越胖的怪兽，你还想给它喂食吗？

如果你家中出现蟑螂，你会喂它吗？你会把蟑螂爱吃的洋葱递给它，然后对它说"请再长大一点"吗？出现了蟑螂，这是事实。这可能是因为你把房间弄得很脏，也可能是因为你不小心把窗户打开了。即便如此，你有必要为蟑螂创造适宜居住的环境吗？

发生了不好的事情，可能有自己的原因，反省也是必要的。但是，完全没有必要给那些不好的事情喂食。即使因为不安和恐惧导致坏事在现实中发生，也不要让不安和恐惧进一步膨胀。因为这等于是给坏事喂食，让它恢复元气。

在怪兽长大到无法控制之前，请坚决拒绝给它喂食。

如何面对不安和恐惧

如何面对不安和恐惧？我的结论如下：

> ○　　希望你不幸的怪兽，会以你怀揣的不安和恐惧
> ○　为养分成长。即使因为你的不安和恐惧导致坏事在
> ○　现实中发生，也完全没有必要再给它喂食。

如何面对想死的心情

一桩自杀事件

这是很久以前的事情了。一名中学女生在学校附近的公共厕所上吊自杀了。她的几名同学因为这件事受到了很大的打击，无法再去学校上学，有的孩子甚至连饭都吃不下了。据说，学校为了照顾这些学生，专门请来了心理咨询师。

但是，需要接受心理咨询的，是那些不能去学校的孩子吗？

同学在学校附近的公共厕所上吊自杀了。试想一下，一个花季少女，偏偏在潮湿、阴暗、肮脏的公共厕所上吊自杀，当时她的心情是多么悲凉啊！在这样的情况下，为什么其他的同学们还能像往常一样去上学呢？为什么还能一如既往地正常进食呢？那些因为受到打击而无法上学的孩子反而更健康吧？为什么我们不为这些不能上学的孩子们温柔纯洁的灵魂而感动，并为此赞扬他们呢？为什么不这样做呢？发生了这样的事之后，孩子们还能像往常一样上学就是好事吗？当然，对于这些受到打击而无法上学或情绪低落的孩子们，需要好好照顾他们的心灵，这很有必要。但是，过着和以前一样生活的孩子们是正常的吗？如果说不能上学的孩子们是生病了的话，那么即使发生了这样的事情也能像往常一样上学的孩子们是不是也生病了呢？

"为什么不能自杀呢？"认真地告诉孩子们答案，才是对他们最大的关怀。

为什么不能自杀

每次谈到这个问题我总是很困惑。当然，这个问题没有正确答案，每个人都有自己的想法。因此，我要表达自己的看法，但这并不意味着我不允许其他人有不同意见。尽管如此，我依旧很困惑。我认为对于这个问题再怎么谨慎也不为过，因为我身边有好几个人都因为有人自杀而失去了重要的人。我想，对他们来说，没有什么比听到别人用一副自以为是的表情来谈论自杀更让人难以忍受的了。

尽管如此，我还是想说这些话，因为我绝对不希望你自杀。既然这么说了，那我必须回答你"为什么不能自杀"的问题。

为什么说不能放弃人生

假设你有一个孩子。过去几个月里，他一直不太舒服，你为此十分担心。有一天孩子告诉你他想退学，你询问他原因，孩子小声回答，自己在学校里一直受到很严重的霸凌，也没有朋友。他去找老师商量，老师却当着全班同学的面把这件事讲了出来，就像这是个笑话一样。有了老师的默许，同学们的霸凌行为变得更猖狂了。孩子说："太痛苦了，太痛苦了，去上学太痛苦了。"他脸色苍白，仿佛灵魂都被掏空了。第二天，你去找老师。老师并不当回事，笑着对你说："这不是霸凌，大家只是闹着玩而已。孩子们不都是这样吗？"

你会对孩子说什么呢？你一定会说"退学吧"。在那样无耻的老师手下，没有可以帮助自己的朋友，必须忍受痛苦得想死的每一天，这是绝对不可以的。孩子再也不去那样的学校了，现在马上退学。就算孩子说要去，你也绝对不会让他去的。

那么，如果孩子说"人生太痛苦了，我想去死"，你是否也会说"放弃人生吧"？这是不可能的。

我们可以说"退学"，却不能说"放弃人生"。仔细想想，二者并不存在一致性。因此，"不能自杀"这句话也没有说服力。如果被问到"上学痛苦就可以退学,为什么活得痛苦就不能放弃人生"的时候,你会做何回答呢?

自杀也无法消除痛苦

面对黑心企业可以提交辞职信,为什么面对黑暗的人生却不能自杀,放弃人生呢?

我的回答是:"因为自杀并不能解决问题。"更进一步说,自杀非但不能解决问题,还会完全失去解决问题的可能性。

施泰纳曾写道:"他用非自然的手段抛弃了肉身,但所有与肉身相关的感情都原封不动地留在他的灵魂里。自然死亡的情况下,随着肉身的衰亡,与肉身相连的各种感情也会消失。而自杀者的情况是,除了灵魂突然被掏空的感觉会带来烦恼,未被满足的欲望和愿望也会带来烦恼,同时这也是自杀的原因。"

用我自己的语言来解释施泰纳的话,就是"我绝对不希望你自杀"。因为自杀后不但问题没有解决,反而会使相关的人更痛苦。

人生的种种问题都来自我们的肉身。同时,由此产生的问题,也只能靠这个肉身来解决。如果自杀后失去生命,也就是失去肉身,那么作为解决问题的工具的肉身就会消失,只剩下痛苦。

我们人生的问题只能通过这个肉身来解决，如果死了，就只剩下没有解决的问题。这些问题永远也不会消失，死后你面临的问题可能会继续存在，并且由和你相关的人继承。

所以，无论多么痛苦，多么悲惨，至少在活着的时候，你还有可能改善这些问题，哪怕只是一点点。但如果死了，那就连这一点点可能性也没有了。

自杀并非解决问题的途径，它绝不会成为夺回自由和尊严的手段。

所以，你不能自杀，发生任何事都不能自杀。

有些人认为死亡意味着一切结束，就像关掉游戏的开关一样，死了一切就结束了。对于相信这一观点的人而言，自杀甚至是希望。然而，死亡并不意味着一切结束。

相信死后自己就会完全消失的人，应该不会说"不能自杀"。因为他们认为死了之后自己就会完全消失，只要关掉开关，一切就都结束了。正因为相信这一点，才会产生一种错觉，认为自杀是拯救自己的最后一张王牌。

也有人说："因为相信有来世，相信轮回转世，所以人们才会轻易自杀。"然而，现实中的人是不会想着"反正接下来还有新的人生，自杀也无所谓"的。他们会想"下一世一定会是有回报的人生，所以这一世就算再苦也要活下去"。

以上所讲的只是我所相信的，我不敢说这是独一无二的真理。但至少我自己，无论遇到什么事，无论多么痛苦，都不会自杀。无论遇到什么事，无论多么痛苦，我都想和你一起战斗到最后。

如何面对想死的心情

如何面对想死的心情？我的结论如下：

> 无论多么想死也不能自杀。自杀非但不能解决问题，还会完全失去解决问题的可能性。只剩下问题的话，人会变得比现在更痛苦。所以，我们一起战斗吧。

如何面对无法改变的自己

你认为自己不行并不代表你真的不行

如果你做错了事情，或者以敷衍的态度生活，或者掩饰了内心的某些愧疚，你可能不会得到一个好的结果，也可能会生活得不如意，但你不会认为自己是一个废物。因为，没有结果也好，人生不如意也罢，都只是因为做的事情不对，或者还没有认真去做，或者没有直面内心的愧疚，而不是因为自己本质上是个废物。我们总是可以这样找借口。只要有需要改正的地方，即使一直没有努力改善，也会让人觉得"我并不是一无是处的人"。

然而，明明竭尽全力做正确的事却没有结果，人生也没有发生任何改变。如此一来，就连"还有改善的余地"这样的希望也没有了。于是就会得出"总之，我是个废物"的结论。

也就是说，越是认为自己是废物的人，越是能全力以赴做正确的事的人。在我的著作中，以及在我参加的研讨会上，我一直在告诉大家："没关系，你认为自己不行并不代表你真的不行。"

但你可能会想："道理我都懂，这句话确实很有力量，但我还是提不起勇气。"

我也曾和你有过一样的痛苦，在此请允许我说一点我个人的事情。

何必迷茫

这是近十年以内的事，所以也不算很久远。

我并非出于私欲，而是为了他人着想，努力去做自己认为正确的事情，为什么十年来总是坏事不断呢？明明我对每个人都保持着开朗宽容的态度，为什么总是招来憎恨和敌意呢？我的健康状态和精神状态都很糟糕。有一次我眼神飘忽，腿脚也不稳，从天桥的台阶顶上滚到了地上，行人们用诧异的眼神俯视着我，从我身边走过。我认真地想，这里到底是不是地狱呢？当时我每天过的就是这样的日子。

我不太想坦白这些事情，我一生都不太想让他人，甚至是家人看到我脆弱的　面。作为一名治疗师，在来访者痛苦的时候，我一直陪伴在他们身边，我常常想，如果我崩溃了，这个人会怎么样？所以即使是假装的，我也必须坚强。

每次我在励志书籍或社交网络上看到"不用努力""做真实的自己就好了"之类的话时，都会感到很愤怒。有人用怜悯的眼神对我说"不要勉强自己，让别人看到你的脆弱不就好了吗"的时候，我心里很想反驳一句："你知道什么！"我当然知道有很多人被这样的话拯救，但是，我打心底认为，即使是虚张声势我也要很坚强，因为有了这种意志力，我才活到了现在，且没有堕入蚂蚁地狱。因此，即使有人对我说"让别人看到你的脆弱就好了"，我也不认为真实的自己得到了认可。不仅如此，我甚至觉得自己一直以来认真的生活方式被嘲笑了。也许是我太固执了，但是，如果我认为"因为这就是自己，所以废物的自己也好，脆弱的自己也好，只要保持真实就可以了"，如果我允许自己这样想并因此变得轻松，我也就不会想写这本书给你们了。

那是 2015 年 1 月，我一个人看到悬挂着的昭宪皇太后 [1] 御歌，是这样写的：

追思过往，叩问内心，坦途可见，何必迷茫。

---

[1] 明治天皇的皇后，大正天皇之嫡母（1849 年 5 月 9 日—1914 年 4 月 11 日）。——译者注

我认为这首和歌想要传达这样的信息："你自己知道的，明明在做正确的事，还犹豫什么呢？"这首和歌有如此强大的力量，可以把"不用努力""做真实的自己就好了""不要勉强自己，让别人看到自己的脆弱就可以了"等廉价的话语吹得烟消云散。没有结果，那又如何？如果你认为自己在做正确的事，那就继续做下去就好了。我想要的就是这样的话。

直到糖溶化

如果你认为自己所做的事情是正确的，那就继续做下去。也许你又会提出下一个疑问："可是，要等到什么时候才会有结果呢？"对此我的回答是："直到糖溶化。"

哲学家亨利·柏格森 [1] 有一句名言："准备一杯糖水时，我得等待糖溶解在水中。"

因为太过理所当然，可能会让人摸不着头脑，不知道他到底想说什么。这一思想的背景是柏格森的时间论，但我没有足够的能力对其进行解说。在此，我想以柏格森的这句话为基础，继续我想说的话。

---

[1] 法国哲学家、作家。——译者注

制作糖水的时候，我们会想"把糖放在杯子里面搅拌一下就可以了"。在我们的脑海中，这样做了之后糖水就已经制作完成了。但是现实中，糖溶化需要一定的时间，只在头脑中思考的话，很容易忽略必要的时间这一要素。

糖水太没有吸引力了，我再举一个别的例子。

假设你有一个从很早以前就开始暗恋的人，某天你下定决心要跟他告白。你心里想着，还是直接表达比较好，不要说一些模棱两可的话。所以，你想好了台词："只要一想到你，我就会很开心。我从很久以前就喜欢你了，请和我交往吧！"完美！说得这么清楚，对方也不能含糊回答了。不管对方的回应是带着笑容的"请多关照"也好，痛苦的"对不起"也好，总之要给出一个结果！为此你在镜子前排练了很多次。

终于到了表白的日子，你终于向对方说出了想了很久的那句台词。但是，对方既没有笑容，也没有痛苦的表情，只是面无表情地盯着你的脸。你很疑惑，心想："啊？不应该是这样的……"

这就好像是，那个人是一杯水，而你的告白是糖，你把糖倒进水里搅拌。在你的脑海里，这杯糖水已经制作完成了。但是现实中，仅凭这些是做不出糖水的。无论如何，对方都需要时间来消化你突然的表白，之后再决定自己的态度。

花费的时间是需要的时间

你可能会想，这样表白怎么行，至少要给对方留出思考的时间。因为这是为了让我的论点更容易理解而打的比喻，所以我们假定你就是这样表白的。

那么，下面这种情况又该如何面对呢？假设你想挑战一本有点难度的书，可是怎么也读不进去，光读第一页就花了三天时间。你想着"这本书太不适合我了，我读不下去"，于是便放弃了。像这样，你的书架上应该有好几本读到第一页就停止阅读的书。

明明是知道有点难度所以才开始尝试阅读的书，为什么三天就放弃了？为什么花三天时间读不了一页，就认为那本书不适合自己呢？这是因为你认为只要读了就能立刻理解作者想说的话，就像你认为一个简单易懂的告白应该马上得到同意与否的答案一样，或者就像你认为只要在水里放糖，搅拌一下就能制作出糖水一样。换句话说，你完全忽略了你在头脑中消化作者的文字所需要的时间。

这个时间不是你能决定的。对方需要多长时间来消化你的表白不是你说了算。你无法决定糖溶于水需要的时间。这个过程所花费的时间就是需要的时间。

不是催生结果，是结果会自然到来

我之前讲过，如果你认为自己做的事是正确的，那就继续做下去。

"可是，要等到什么时候才会有结果呢？"对此我的回答是："直到糖溶化为止。"我们能做的就是坚持去做自己认为正确的事，至于什么时候会有结果，这不在考虑范围之内。花费的时间就是需要的时间。也就是说，在必要时间内，只要继续做自己认为正确的事，结果就一定会到来。糖总有一天会溶化。不是我们去溶化糖，是糖自己溶化。不是我们催生结果，是结果会自然到来。

没有"无法改变的自己"，只有"等不起的自己"。正如《薄伽梵歌》❶中所说：

你只有履行自己职责的权利，但绝不能控制和要求任

---

❶ 古印度瑜伽典籍。——译者注

何结果，享受行动的结果不应该成为你的动机，你不应该不行动。

如何面对无法改变的自己

如何面对无法改变的自己？我的结论如下：

什么时候得到结果不是我们能决定的。我们能做的就是坚持去做自己认为正确的事。花费的时间就是需要的时间。没有"无法改变的自己"，只有"等不起的自己"。

结　语

　　你可能怨恨自己成长的环境，可能怨恨你的父母，可能怨恨你的朋友，可能怨恨你的公司，可能怨恨自己没有出众的容貌和才华，也可能彻底厌弃了自己。

　　这样也可以，这样也没关系。但是，在最后的最后，你必须有一条止步的"底线"，那便是认为"保护自己的东西根本不存在"。对你、对人类来说，没有比这更痛苦的事了，也没有比这更邪恶的感情了。

　　无论现实有多不如意，无论你如何觉得自己被抛弃，都不要忘记，一定有人在守护着你。我们以四人合著的形式完成的这本书，通篇都想告诉你这一点。

　　我们还身处黑暗的隧道之中，不过，已经能看到出口了。我们穿越黑暗，走向光明的那一天，马上就要到来了。

石井裕之

期待有一天能与你相见。